本书编辑工作由河南红旗渠干部学院、人民日报出版社共同完成

人民日报里的 红旗渠

本书编辑组◎编

人民日报出版社

北京

图书在版编目（CIP）数据

人民日报里的红旗渠 /《人民日报里的红旗渠》编辑组编 . -- 北京：人民日报出版社，2025.4. -- ISBN 978-7-5115-8719-0

I. TV67-092

中国国家版本馆 CIP 数据核字第 202525Q60X 号

书　　名：人民日报里的红旗渠
　　　　　RENMINRIBAO LI DE HONGQIQU
作　　者：《人民日报里的红旗渠》编辑组

出 版 人：刘华新
责任编辑：徐　澜　蒋菊平
版式设计：九章文化

出版发行：人民日报 出版社
社　　址：北京金台西路 2 号
邮政编码：100733
发行热线：(010) 65369509　65369527　65369846　65363528
邮购热线：(010) 65369530　65363527
编辑热线：(010) 65369528
网　　址：www.peopledailypress.com
经　　销：新华书店
印　　刷：大厂回族自治县彩虹印刷有限公司
法律顾问：北京科宇律师事务所　010-83622312

开　　本：710mm×1000mm　1/16
字　　数：190 千字
印　　张：15.5
版次印次：2025 年 4 月第 1 版　　2025 年 4 月第 2 次印刷

书　　号：ISBN 978-7-5115-8719-0
定　　价：48.00 元

如有印装质量问题，请与本社调换，电话：(010) 65369463

出版说明

    《人民日报》作为党中央机关报，对红旗渠建设及其精神传承给予了持续且密切的关注，刊发了大量报道。这些报道不仅生动记录了红旗渠建设的艰辛历程、取得的丰硕成果，更深刻阐释了红旗渠精神的丰富内涵，展示了红旗渠精神的时代价值，是研究红旗渠精神的宝贵资料。恰逢2025年是红旗渠总干渠通水60周年，出版《人民日报里的红旗渠》更具意义和价值。

    本书精心编选了《人民日报》自20世纪50年代末至当下近70年间，刊发的有关河南林县（今林州市）红旗渠的53篇文章。全书分为三章：第一章"愚公移山 重新安排林县河山"，聚焦红旗渠建设初期报道，展现林县人民战天斗地、凿山引漳的豪情壮志；第二章"精神引领 奋力建设富美林州"，汇集林州人民以红旗渠精神为引领，实现从"战太行"到"出太行""富太行""美太行"转变的奋斗篇章；第三章"时代丰碑 红旗渠精神永在"，展现新时代红旗渠精神跨越时空、历久弥新的时代价值。书后附有文章索引，以时间为序，便于读者从时间脉络上把握红旗渠建设及精神传承的历程。

    本书编辑工作由河南红旗渠干部学院与人民日报出版社合作完成。编辑过程中，鉴于文章刊发时间跨度较大，历经多个历史时期，为最大程度真实呈现历史原貌，完整保留时代印记与话语风格，编辑组秉持审慎态度，对所选文章未做内容上的修改，力求让读者通过这些文字，真切触摸到不同历史阶段下红旗渠建设历程与红旗渠精神的传承弘扬脉搏。

    我们衷心希望广大读者在阅读本书时，能够结合当时的社会环境、经济状况、民生需求等背景，感受林县人民在党的领导下"重新安排林县河山"的壮志豪情，感悟红旗渠精神的深刻内涵和时代价值。

本书编辑组

2025年3月

28日上午，习近平来到河南安阳林州市红旗渠纪念馆。上世纪60年代，当地人民为解决靠天等雨的恶劣生存环境，在党和政府支持下，在太行山腰修建了引漳入林水利工程，被称为"人工天河"。习近平走进展馆，依次参观了"千年旱魔，世代抗争"、"红旗引领，创造奇迹"、"英雄人民，太行丰碑"、"山河巨变，实现梦想"、"继往开来，精神永恒"等展览内容。习近平指出，红旗渠就是纪念碑，记载了林县人不认命、不服输、敢于战天斗地的英雄气概。要用红旗渠精神教育人民特别是广大青少年，社会主义是拼出来、干出来、拿命换来的，不仅过去如此，新时代也是如此。没有老一辈人拼命地干，没有他们付出的鲜血乃至生命，就没有今天的幸福生活，我们要永远铭记他们。今天，物质生活大为改善，但愚公移山、艰苦奋斗的精神不能变。红旗渠很有教育意义，大家都应该来看看。随后，习近平实地察看红旗渠分水闸运行情况，详细了解分水闸在调水、灌溉、改善生态环境等方面的重要作用。

红旗渠修建过程中，300名青年组成突击队，经过1年5个月的奋战，将地势险要、石质坚硬的岩壁凿通，这个输水隧洞被命名为青年洞。习近平拾级而上，来到青年洞，沿步道察看红旗渠。习近平强调，红旗渠精神同延安精神是一脉相承的，是中华民族不可磨灭的历史记忆，永远震撼人心。年轻一代要继承和发扬吃苦耐劳、自力更生、艰苦奋斗的精神，摒弃骄娇二气，像我们的父辈一样把青春热血镌刻在历史的丰碑上。实现第二个百年奋斗目标也就是一两代人的事，我们正逢其时、不可辜负，要作出我们这一代的贡献。红旗渠精神永在！

——摘自《习近平在陕西延安和河南安阳考察时强调　全面推进乡村振兴　为实现农业农村现代化而不懈奋斗》（《人民日报》2022年10月29日第1版）

人民日报

RENMIN RIBAO

人民网网址：http://www.people.com.cn

2022年10月

29

星期六

壬寅年十月初五

人民日报社出版

国内统一连续出版物号
CN 11-0065
代号 1-1
第27139期
今日8版

习近平在陕西延安和河南安阳考察时强调

全面推进乡村振兴
为实现农业农村现代化而不懈奋斗

丁薛祥陪同考察

10月26日至28日，中共中央总书记、国家主席、中央军委主席习近平在陕西延安、河南安阳考察。这是26日下午，习近平在延安市宝塔区南泥湾南村考察苹果园时同乡亲们亲切交流。　　新华社记者　鞠鹏摄

10月26日至28日，中共中央总书记、国家主席、中央军委主席习近平在陕西延安、河南安阳考察。这是28日上午，习近平在安阳林州市红旗渠纪念馆了解红旗渠修建历史情况。　　新华社记者　鞠鹏摄

- ■ 全面建设社会主义现代化国家，最艰巨最繁重的任务仍然在农村。要全面学习贯彻党的二十大精神，坚持农业农村优先发展，发扬延安精神和红旗渠精神，凝聚起团结奋斗的磅礴力量，全面推进乡村振兴，为实现农业农村现代化而不懈奋斗

- ■ 中国共产党人把我们党、把人民军队的魂，是为人民服务的。共产党当家就是要为老百姓办事、把老百姓的事情办好。空谈误国，实干兴邦。要认真学习贯彻党的二十大精神，全面推进乡村振兴，一项项抓好，加快推进农业农村现代化，让老百姓生活越来越红火

- ■ 年轻一代要继承和发扬吃苦耐劳、自力更生、艰苦奋斗的精神，摒弃娇骄二气，像我们的父辈一样撸起袖子加油干，为实现第二个百年奋斗目标也就是一代代人的事，我们正逢其时、不可辜负，要作出我们这一代的贡献

- ■ 中华文明源远流长，从未中断，塑造了我们伟大的民族，这个民族还会伟大下去的。要通过文物发掘、研究保护工作，更好地传承优秀传统文化。中华优秀传统文化是我们党创新理论的"根"，我们推进马克思主义中国化时代化的根本途径是"两个结合"。我们要坚定文化自信，增强中国人的志气心和自豪感

【本报陕西延安、河南安阳10月28日电】中共中央总书记、国家主席、中央军委主席习近平日前在陕西省延安市、河南省安阳市考察时强调，全面建设社会主义现代化国家，最艰巨最繁重的任务仍然在农村。要全面学习贯彻党的二十大精神，坚持农业农村优先发展，发扬延安精神和红旗渠精神，凝聚起团结奋斗的磅礴力量，全面推进乡村振兴，为实现农业农村现代化而不懈奋斗。

中共中央政治局常委、中央办公厅主任丁薛祥陪同考察。

10月26日至28日，习近平分别在中共中央政治局委员、陕西省委书记刘国中和省长赵一德，河南省委书记楼阳生和省长王凯陪同下，先后深入陕西延安和河南安阳的市县、学校、红色教育基地、文物保护单位等进行调研。

延安革命老区，位居革命历史圣地红色圣地。习近平一直念念在兹、牵挂于心。2015年2月，习近平在延安主持召开陕甘宁革命老区脱贫致富奔小康座谈会并发表重要讲话，为当地老区脱贫致富发展指明了方向。党的二十大闭幕后，习近平第一次外出考察就来到延安，看看革命老区乡村振兴推进落实情况，是对党的发自内心。

24日下午，习近平一下车，就覆盖起伏的苹果园，一望无际层层叠叠、漫山遍野。习近平点点头，向陪同人员询问苹果生产、苹果市场交易、品种培育、储藏加工、技术支持人员以及如何向村民和市场推销等情况。

在村果集运中心，习近平了解当地苹果产业发展情况，并察看分拣保险生产线。

现场展放了当地种植的各种苹果和原加工产品。习近平停步察看苹果品种，仔细听取采介绍，对当地现代化农业和乡村振兴产业，培育壮大特色产业、带动老乡们增收致富做出重要指示。

习近平停步在67岁的老汉张卫庞家里，回忆起当年他走访的现场所见。习近平对近乡亲们说，他走村过去住了7年，当年看到的乡亲们生活很困难，心里就想着让大家过上好日子。这次来延安时，这些变化真是天翻地覆的变化，发生了翻天覆地的变化，过去陕北老乡村都梁家河，种洋芋、窑洞那土窑等土房，如今也有盼头了。眼下果品丰收，乡村红红火火，老乡们富裕起来了。

习近平十分欣慰说，看到乡亲们生活越来越好，认识北的变化就可以看到中国的变化。习近平指出，现在，"两个一百年"奋斗目标第一个百年目标已经实现，他对党团向绝对好，老乡们过上了好日子，但还要继续保持艰苦奋斗、拼搏进取，乡村振兴要靠我们大家的努力，自己的地自己种，自己的活自己干，靠的全靠苦干、实干、巧干。

24日下午，习近平一下车，就覆盖起伏的苹果园，一片丰收景象。习近平点点头，向陪同人员询问苹果生产、苹果市场交易、品种培育、储藏加工、技术支持人员以及如何向村民和市场推销等情况。

大力发展苹果种植业绿色和好几上，这是遍群众劳动创造出来的，是人民之福。习近平满怀深情地说，中华民族要强盛，中国共产党是人民的党，为人民服务的宗旨，共产党当家就是要为老百姓办事、把老百姓的事情办好。空谈误国，实干兴邦。要认真学习贯彻党的二十大精神，全面推进乡村振兴，一项项抓好，加快推进农业农村现代化，让老百姓生活越来越红火。

随后，习近平来到延安中学考察。延安中学是党中央在延安创办的第一所中学，是在延安历史上名副其实的一所学校。习近平勉励大家，要继承弘扬延安精神，赓续红色血脉，坚持为党育人、为国育才，教育学、党和国家要把教育办出特色和水平，培养好一代代新人，而具有光荣历史和优良革命传统的老区，为革命老区培养了更多人才。 【下转第四版】

【下转第四版】

第一章　愚公移山　重新安排林县河山

第二章　精神引领　奋力建设富美林州

第三章　时代丰碑　红旗渠精神永在

第一章

愚公移山　重新安排林县河山

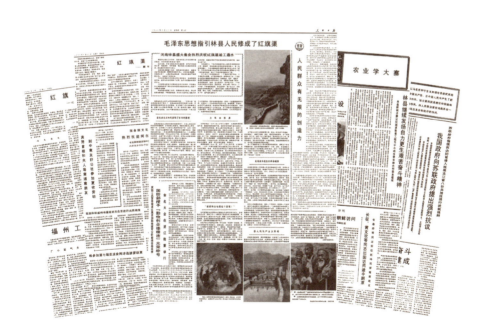

社会主义的脚步

——林县山区访问记之一

在学校里住了两年多，好久没有下乡。最近又去河南省林县山区跑了一趟，所见所闻，一切是这样的新鲜。大有"山中方七日，世上几千年"的感觉。

对于农民，我不算太陌生。在那些艰辛的岁月里，我和他们一起共过患难。抗日战争时代，土地改革时代，我同他们一起度过了多少个可歌可泣的日夜。今天，当我亲眼看到他们搬掉肩上的"两座大山"之后，正以大自然主人翁的气概来改造自然、安排河山、建设自己的美好生活的时候，当我亲眼看到他们在社会主义的康庄大道上快步前进的时候，我一次又一次抑制不住心头的激动。

水和山区

先从"水"谈起吧。

水和山区农民的关系如何，对山区还不够熟悉的人，是不容易理解的。就以洗脸来说吧，对于川地和城市居民来说，不会想到这还会发生什么困难。可是，有些山村，却常常一家人只用一盆水来洗脸，老年人洗罢，年轻人再洗。一盆水洗了几个人，甚至还要放在一边，舍不得泼掉，让它澄清一下，以备他用。林县全县原有五百五十五个行政村、五十三万七千多人，就有三百零七个村、二十八万人吃水困难。他们要常年翻山越岭，远道担水。近的三五里，远的十多里。大约六十年前，林县城东北的桑耳庄村曾发生过这样一件惨事：东街的一个桑姓老汉，大年三十的晚上去七八里外的黄崖岭挑回一担水；儿媳妇到村头去接替他，一不留神把两桶水泼光了。儿媳妇越想越对不住老人家，又想起大年初一吃不上一顿甜水，回家便上吊死了。……在这里，哪个村吃水方便些，哪个村的青年就容易娶上媳妇；有的村吃水特别难，这个村光棍汉就特别多。在林县许多山村里流传着一个民谣："盼星星，盼月亮，啥时盼的水流到俺庄上。"

人们既盼水，又怕水。林县位于太行山东麓，四面群山环抱，境内山谷遍野。山高坡陡，雨量集中。据专家调查，平均每年降雨量五百五十公厘，多半集中在汛期，七、八两个月雨量要占到全年降雨量的70%以上。又由于解放前历代统治者的无情压榨，广大贫苦农民常被逼上深山，在陡坡开荒；再加乱伐树木，梯田失修，遂使全县水土流失严重。一遇大雨，山洪暴发，冲沟倒岸，不计其数。

水土流失，山坡变瘦，气候失调，年年要受到旱、涝、雹、洪、风、冻的袭击。1943年大旱，四季无收，全县有一万多农户外出逃荒。

一首民谣逼真地反映出旧林县的面貌："旧林县，真可怜，光秃山坡干河滩，有雨冲的粮不收，没雨旱的籽不见。"

这民谣固然道出山区农民的苦痛，却也说明了：个体农民在大自然面前是显得多么软弱无力啊！

社会主义的脚步

林县农民跨上社会主义的骏马之后，短短数年的时间，山区的面貌就迥然改观了。

这里不仅已经解决了全县人民吃水的问题，而且正在解决着大部土地用水的问题。林县农民已不再是听命于自然的奴隶，而是依照自身的利益重新安排河山的主人了。几年来，经过千人千把镢，万人万张锨，一锤一钻，一镢一锨，开山劈石，穿山凿洞，已经斩断了太行山五十五道支脉，越过二百多条深沟巨壑，修筑了九道总长达二百二十六里长的较大渠道工程和成百条小渠道，已开始驯服了凶猛咆哮的淇河（林县境内最大河流），正在改造着漳、洹、淅三道较大河流的暴躁性格，使它流向人们给它指定的道路。

引起我最大兴趣的是这四个数字：

从"大禹王治水"到全县解放前，三四千年的时间，全林县只有一万亩水浇地。

从1944年全县解放，到1955年冬季以前，是十一年的时间。解放了的农民，在完成土地改革、支援抗日战争、解放战争、巩固革命根据地等伟大任务和恢复战争创伤的同时，十一年扩大水浇地六万亩。超过几千年所修水地的五倍。

1955年冬，林县实现了高级合作化。从那时候起到1957年秋天，两年的时间，扩大水地十六万亩。这是第一个生产高潮，第一个大跃进。两年扩大水地面积比解放以来十一年水地总面积的两倍还多。到1957年冬前，全县已有水地二十三万七千亩了。

去冬和今春，又是"翻一番"。现在已经动工的、已经完成的和就要完成的水渠、水库、山泉、旱井，共计可扩大水浇地面积三十万五千八百亩。这就是说，一个冬春的水利成就，不仅赛过了第一次高潮中的两年，而且比有史以来水利总成绩（包括第一次高潮中的两年在内）还要多一些。

这就是说，在农业合作化之后，仅仅两年半的时间，到今年麦收秋种时节，本来到处是光秃山坡干河滩、十年九遭旱的林县，全县九十八万亩耕地中，有半数以上变成水地。这就是说，本来半数以上人口吃水都很困难、用水如用油的林县，全县每一口人平均有一亩水浇地了。

这不是普通的数字，它们闪烁着社会主义的光辉。它们生动地显示出来：社会主义正迈着大步跨过高山大河前进。

"是铁山，也要撞它半个边！"

我更具体地看到社会主义在山区大步前进的雄姿，是在参观了盘阳乡的天桥断渠工程之后。

盘阳乡位于漳河和它的支流露水河之间。住在岭上的人们，眼看着漳河水在自己脚下滚滚流去，却连年遭受旱灾。去年秋天，三个月没落雨，盘阳乡农民克服种种困难，修渠、打井、挖山泉、钻水洞、肩担水、渠引水，不仅胜利完成了抗旱种麦任务，还扩大了二千多亩水浇地。人们没有就此满足。抗旱种麦使农民们看到自身的力量，他们要从根本上改变家乡面貌，永除旱灾。他们决心从漳河上游天桥断以西的牛头山上，把漳河水引上高岭，修一条四十里长渠，横贯全乡，遍浇六千亩岭地、梯田（占全乡耕地总数的70%），提前十年实现全乡水利化。

修天桥断渠是盘阳乡农民多年来的理想。解放前，地主绅士们曾打着修天桥渠的招牌，让人们集资捐款，粮款聚起来了，他们请上几个头面人物，摆上几桌酒席，吃喝一顿，修渠的事也就不提了。解放后，也曾有人筹谋修天桥渠，只因为那时候每个农民眼睛里只有自己的那一亩八分地，一个人心里一个小算盘：受益地少的人不热心，地多的又怕出工太多，还有人怕渠道占了自己的地；再加上资金、劳力都感不足，修天桥渠的愿望也一直未能实现。

　　天桥渠的动工是振奋人心的大喜事。许多人都把修天桥断渠看成为子孙万代扎下"幸福根"，都想为修渠尽多地贡献出一份力量。许多社员写下决心书，要求到险恶工地修渠；还有六个党员咬破手指，写了血书。妇女们把后方的积肥、浇麦田等任务全部担起来，鼓励男人们上山去修渠。她们提出口号："妇女们有志气，要和男人比一比，积肥任务早完成，争取再上天桥渠！"男社员们向女社员们保证："不怕困难不怕冻，一个决心一股劲，山硬没有人心硬，水不进地不收兵！"听说12月1日天桥渠开工，青年团员卢二俊连夜串连了十几个青年组成突击队，一日天不明，他们就赶到了天桥断悬崖工地。有人对他们说："天桥断崖陡石硬，不好动手。"突击队员们回答："是铁山，也要撞它半个边！"参加突击队的还有一个六十多岁的"老青年"卢天魁。他执意地要随突击队一齐去悬崖。小伙子们在天桥断看到他，担心地问他："天魁爷，你怎么也来啦？"他回答的很干脆："我二十岁，就听说要修天桥渠；我盼了一辈子了，才盼到修渠，你为啥不让我参加？""不是不让你老人家参加，你年纪大了，天冷风大，怕你的身体吃不住！"小伙子们说。老汉还是执意留下。他说："刮风算啥困难！打锤赛不过你们，我还不能做点别的吗？"他在工地上不断鼓励青年人，休息的时候还说快板："别看我年纪大，我要坚决完成水利化！虽说人老心不老，那里困难我那里去搞！"逗得大伙乐和和的，年轻人的干劲也更大了。

　　我是去年12月中旬来到盘阳乡的。沿着傍山小道向天桥断走去。冬日的漳河已失去了夏天的威风，像一条绿带子伸展在山脚下。在山岭上，不少妇女和老人们在修渠——这是天桥渠的后方，土方工程多些，由妇女、老汉们包修。再前行五六里，仰望山腰，不少黑色巨石上常有块块白色标记——这是划定的渠线，三个月后，这些山坡都将被拦腰切断，让漳河水顺从地从这儿流过，流向指定的去处。天桥渠还要像一条巨龙一样腰缠十八个山头呢！

我们又爬了几道岭，山势更高。回头看，卢家拐等山村已落在我们的脚下了。天桥断出现在我们面前。光秃秃的红崖，没有一棵树。远远望去，只有三五一簇的黑色斑点在蠕动。不是同行的同志告诉我，我一时还没想到这就是那些突击队员。

走近了天桥断。这里是直上直下，几近九十度的悬崖。突击队员们已在悬崖腰间炸出一条参差不齐的小道。宽的地方有尺多宽，有的还只能勉强放开两只脚。悬崖上挂着几根大粗绳，有的突击队员得靠它来保证劳动安全。

这立陡的悬崖是一块铁板似的大红崖。在一般青石崖上打炮眼，一个强壮的小伙子，一天可钻进五尺到七尺；在这红崖石上，一天却只能钻进三尺，多者四尺。三尺深炮眼，装上满满的火药，一炮也只能炸飞几块脸盆大的石头。他们就这样一锤一炮地，硬是拦腰炸断这长达一百五十丈的绝壁，挖出一条四尺宽、一人多高的"悬空路"，让渠道从这儿通过。

我走到那新辟的绝壁小路上，小心地扶着那炸裂的崖石，走近突击队员们。不时有一些碎石滚下，激起山谷回声，发出阵阵轰隆巨响。移动在绝壁腰间，上看是威风凛凛的百丈红崖，下看是寒气森森的黑水深潭。我尽力使自己镇静，初踏悬崖，仍禁不住有点眼发晕、腿发软。我身靠悬崖安定下来。我看到突击队员们足踏悬崖边，双手不停地抡着铁锤，插入石板中的铁钎，点点打进。他们的劳动是紧张的，又是那样的安详。从那安详的神态里，从那有节奏的劳动乐曲里，我好像听到她们在说："你硬，你是铁石，又有什么了不起！我一锤又一锤，总会把你劈开的！"这时，也只有这时，我才真正体会到"山硬没有人心硬"这句战斗口号的全部力量。

在未来天桥断以前，县里同志曾向我介绍天桥渠工程是：渠长四十里，穿过一百五十丈悬崖绝壁，盘抹十八个山岭，钻透两个四丈多长的石洞……。现在，我才理解到天桥渠工程是怎样的工程了。

山区人民征服自然的气概究竟如何？有诗为证——这是盘阳乡一个无名诗人的诗句：

烟尘飞扬天昏暗，

滚石奔飞河水翻，

炮声威震悬崖倒，

红旗招展笑声欢。

双手劈开天桥断，

六千亩地不靠天！

人民日报记者　姚力文

（《人民日报》1958年1月26日第2版）

深山新人

——林县山区访问记之二

从盘阳往上走，我们在太行山的两架山峰之间，走进深山区，过西乡坪，到高家台，而后登上全县最高处，也是太行山顶峰的四方垴。我们也曾访问了县东部散落在丘陵地带的山村。一个月的访问，我们几乎跑遍了大半个林县。真是一片社会主义景象。从西部太行深山到东部丘陵平川，到处是红旗招展，炮声隆隆。人人为社会主义建设奔忙着。妇女、老汉积肥浇麦，壮年劳力治山治水，青年和小学生紧张除四害。较大的水库（或水渠）工地上，更是白天人群一片黑，黑夜灯光一片明。老年人称赞今日冬景是："生产劲头如烈火，冬季忙似五月天。"

谁能不为这社会主义建设忙的景象而欢欣鼓舞呢？可是，给我印象最深的，还是人们内心深处的社会主义的春天。一个月的山区访问，我认识了许多人。有的接触较多，交谈的时间也长些。有的虽只是很短暂的相遇，却给我十分深刻的印象，使我念念不忘。

"老支书"张金山

老支部书记张金山是其中的一个。这个五十六岁的老农民，现在是共产党员，高家台农业社北崭联队的队长兼支部书记。社员们亲热地称呼他"老支书"，固然是因为他的年纪大，更主要的是表示对他的尊敬。谈起他，社员们颇为自豪地告诉我："我们的老支书，整个心放在渠上了。"北崭也像盘阳乡一样，正在修建一条事关全联队根除贫困的长渠。老金山天明去高家台，到社里开会，翻山越岭上下就是十几里。开罢会，回到北崭，家不回，饭不吃，就直奔渠上。直到天漆黑，才回家吃上一顿饭。他老两口积极为社里积肥。他老伴到山坡上扫树叶；他常是起五更，把树叶背回家，放下树叶再到渠上，天还没大亮。只因为他经常不按时吃饭，饥一天，饱一顿，胃病越来越重。他真是忙修渠忙得病也顾不得害了，肚子疼得厉害，他两手捂着肚子，还是照常在工地跑上跑下，指挥大家修渠。社员们多次劝他去治胃病，有时还带着责备的口气劝他："老支书，你也得保重身体，好多活几年，领导咱建设社会主义啊！"他照例是笑一笑，慢声慢语地回答："忙过这一阵，得空我就去治胃病。"可是，他还是照样两手捂着肚子，在渠上来回奔忙。社员们摸清老金山这股倔强劲，又尊敬他，又心疼他。

我和老金山交谈的时候，也想趁机劝他看看胃病。他很恳切地对我说："老姚啊！现在，我实在顾不上，过些时再说吧！"关于他自己，就只谈了这么一句。谈起联队的一些事情，他的兴致大了，话也多了。我们俩谈得很起劲。他对社员们的积极性很满意，几段修渠计划，都提前完成了。他们这条穿过重重悬崖的长达十五里的水渠，原计划1959年春季完成，就现在的情况看，1958年冬天就可以完成了。他还告诉我他的一些打算和对某些事情的看法。北崭是出名的"穷联队"，可是，依他看，穷山也不是一成不变的，只要肯劳动，北崭一定会变富。他说，他们联队年年缺粮，要国家供应粮食。这是他的一件心事。他高兴的是：今年渠水可以流过东垴坪，扩大水地二百多亩，有水有粪，能增产二万四千斤粮，缺粮队变成余粮队，不仅不用国家供应，还可以支援国家一万多斤粮食。他打算在渠岸上栽柳树，还可以点种一些豆角。他知道南岭上有一个泉眼，大渠修成，打算再在南山修一条水渠，整个北崭全部旱地都可以浇上水了……

多么美好的灵魂，多么可爱的人！可惜我没有来得及了解张金山是怎样从一个老农民变成社会主义战士的。这不关紧要，重要的是社会主义已经在深山僻壤生根开花了。

这社会主义之花正在开遍深山。不正是成千成万个张金山，推动着山区建设的大跃进吗？

中学教师的激情

有人说知识分子是时代的温度表，这说法有些道理。农村社会主义建设高潮在农村知识分子身上是这样强烈地反映出来了。1958年的第一个星期天，我正在卫生模范村柳林访问。社干部们在社办公室对我谈情况，蓦地闯进来两个人。一个穿着蓝卡叽中山服，四十岁光景；一个是带着一副近视眼镜的年轻人。他们俩，满头大汗，热情洋溢。一面擦汗，一面作自我介绍：我们是林县一中的，我校一百多师生代表，到您村参观学习来了。我们俩是前站，大队随后就到。社干部和那个年轻人去安排参观的事，我同这位中年人（后来才知道他是一位化学教师）攀谈起来。

他兴致勃勃谈道："近几个月，我们差不多每个星期天都出发访问。前个星期去郎垒，上个星期天去柳潭察看泥炭土矿藏……"我记起前些时"教师报"上登载过林县一中教师化验泥炭土的消息，问起他们对泥炭土的研究近况，他说："柳潭一带的泥炭土质量很好，蕴藏量也大，供一百万亩地充分使用，可以足足用一百五十年。"我不禁插了一句："这对全县农业增产有不小贡献！""这算不得什么贡献，老师们的劲头确是不小！"

他接着介绍他们的研究心得："经过学习'四十条'纲要，老师们的社会主义觉悟提高了。看到农民热火朝天搞建设，我们想，自己能为农业增产做些什么呢？有人就想起了柳潭的黑土（当时还只知道柳潭一带有一种黑土，有的农民用来上地）。利用几个星期天，我们几个教师到柳潭实地勘察，采取了样品。黑土含有哪些成分，要进行化验分析，是由化学小组的教师们搞。什么样化学成分适用于什么土壤，对农作物起怎样的影响，这方面的研究，由生物学教师来做。为了既便于农民使用，又能发挥最大的肥效，我们正在把泥炭土制成颗粒肥料。制作颗粒肥科的加工机器，就由物理小组的老师们设计图样，动手做成。"说到这里，他大有感触，意味深长地说："反正是一个人知识有限，我们是大家合作，大家动手，谁有多少知识，谁就贡献多少。就这样群策群力，才能搞出点成绩来……"

他像在想什么，沉思片刻，犹疑了一下，终于告诉我一个"秘密"。他说："依我们看，在全国各地，泥炭土的蕴藏量一定不少。最近本县又有些地方发现泥炭土。我们从少年报上看到杭州也有，还会有不少地方有。这很值得注意。泥炭土可以制成颗粒肥料，成本低，肥效大，又便于开采，真是大有可为。我们打算写一份建议送给中央的有关领导机关……"

尽管对于大量发现和开采泥炭土，会对全国农业增产带来多大好处，我还一时没弄清楚，可是，这位中学教师的热情，这个中年知识分子对国家的责任感，建设社会主义的激情，却像一股电流般地传到我身上。

老母亲的心事

社会主义也走进山村老太婆的心里了。这是我在一个七十岁老母亲身上看到的。她是我在柳林村访问的时候的房东大娘，名字叫焦合菊。有一天晚上，坐在她家的热炕头上，围着炉火，我们俩谈家常。听说我是从北京来的，勾引起她的一件"心事"来。

一个七十岁的山村老太婆会有什么"心事"呢？是儿子媳妇不孝顺，还是妯娌之间不和睦，还是几只心爱的老母鸡病死了？都不是。焦合菊是一个十几口人的大家庭的家长。儿子媳妇孝顺，妯娌之间也和睦，几个儿子都进步。两个儿子参军去了，在部队里工作得不错。老二、老四在村里都是骨干分子，一个是牧业股长，一个是民兵中队长。二闺女银花是村里的干部，肯干工作，不怕吃苦，也能和群众打成一片，被选为村里的代表出席过县里省里的卫生模范会议，一次又一次扛着奖旗回村。这都使老母亲满意。她自己也是村里的积极分子，担任托儿所的组长，爱护孩子，工作热心，经常受到称赞。不少人到这个卫生模范村来参观，总要访问一下这个年长的保育员。她认为这是很大的光荣。她总是很高兴地对访问者说："不是毛主席领导的好，我这么大岁数的老婆子，还能中啥用啊！"

真是一家人都为群众办事，一个劲地向前进。兴致勃勃的老母亲，没想到在去年冬天，遇到一件很不顺心的事：

去冬，二闺女银花结婚了。丈夫叫王哲根，原是本村的一个高小毕业生，后来在北京某工厂找到了工作。王哲根一心要带着新婚的妻子到北京，老母亲和女婿之间发生了一场激烈的争论。老母亲认为：柳林是以卫生工作出名的先进村，银花是村的卫生干部，村里需要她，不能撇开村里的工作只顾自己。女婿认为在村里工作"没啥前途"，社的工作"又麻烦又累"，到北京生活好些，又能学文化。老母亲认为：银花是村里选出来的代表，撇开工作不管，不仅对不起本村群众，还耽误了自己的前途。起初，银花也舍不得丢开村里的工作，拗不过新婚的丈夫，终于随丈夫去北京了。哥哥们都站在母亲这一方面，埋怨妹妹太软弱，立场不稳，为啥不想想党和群众对自己的多年培养。老母亲又生闺女的气，又怜惜闺女，一直惦记着闺女的前途。

焦合菊老大娘把她同女婿的一场争论，原原本本地说给我听，还请我为她评一评理：究竟是谁糊涂，还是谁落后？她是那样慈祥，又是那样忧郁地对我说："俺既然把闺女嫁给哲根，我老婆子也不是不愿意他们俩在一起，小银花糊里糊涂地丢开了村里的工作，误了自己的前途，这是我做母亲的一件大心事啊！"

关于"前途"，不少人有各种不同的看法。令人惊喜的是：一个七十岁的山村老太婆，也能够这样认真地从政治上、工作上来关心女儿的前途了。

从这个小小的山村家庭里，不是也能够觉察到时代的飞快前进吗？

社会主义祖国在一日千里地跃进。

在社会主义大道上，我们每个人自己是迈着怎样的脚步呢？

人民日报记者　姚力文

（《人民日报》1958年1月28日第2版）

人和岩石

　　林县，整个儿地坐落在太行山上，全县的主要特点是岩石。脚上踩的是岩石，抬头望见的是岩石，不少房屋也是"一石到底"，连房顶上的瓦片，也是用几尺长宽的石板构成的。

　　我们到了石板岩公社的高家台大队。这里的山，像是一个个并排矗立在大地上的冬瓜，峭壁千丈，山峰入云。就在这个地方，过去，人们要从山顶挑一担鲜梨、柿子或核桃下山来，眼看只是几百米的距离，走起路来，却不得不沿着那曲折蜿蜒的羊肠小道，拐几百个弯儿，抹几百个角，少说也得半天，才能挑到山脚下。过去有不少果品，由于运输不及，就烂掉在山上了。如今，人民公社利用山势陡峭，到处都架起了一根根比小手指头还粗的钢丝运输线，其中短的三五百米，长的一千几百米，有了它，山上出产的各种果品，可以像流水一般，源源不绝地滑落到平地上来。高家台大队二百四十多户，去年共产梨、核桃等七十余万斤，只此一项，全大队就节约了十二万个劳动日。更重要的是，挽救了大批果品的霉烂。

　　我们到了引漳入林工地。漳河在山西省，与林县紧邻；林县缺水，县委就领着社员远奔山西省去牵进一条水龙王来。漳河两岸，太行山的坡度好像刀切的一样，社员们就在离地一百数十米的高空，腰系绳索，足蹬悬岩，在和岩石搏斗。你看！一块大石头被掀落下来了，一路上发出了孔孔隆隆的和山岩相撞击的声音，落到地上，"咔——"地一声，砸为粉末，浓烟随即腾空而起，有如昔时重磅炸弹爆炸一样。浓烟非烟，那是石头的粉末。那"咔——"地一声，忽地从平地飞起，清脆而又悠长，它立刻化为一条声音之龙，在山谷间盘来旋去，好像一只被关在屋宇里的蝙蝠，四面探寻出路，发出回音，良久良久，才找到天上的一条缝隙，向天际遁逸而去。

在那些略有坡度的地方，更是壮观。社员们从山腰里开落下来的石头，沿坡而下，一边滚动，一边撞击，沿途发出砰砰啪啪的声音，滚到离地数十米的高处，已经成为无数碎石，远远望去，犹若千丈瀑布，哗哗哗哗，自天而降。太行山的雄伟气势，在人民的冲天干劲面前，显得黯然失色了。

英雄的林县人民在党的领导下，运用战无不胜的三大法宝，把过去造成山区特别贫困的许多"坏事"都变成了"好事"，使"穷山"变成了"富山"。他们利用山区高低不平的地势，广修水库，开辟渠道，建立电站，灌溉农田；利用山顶上四季不停的大风，建立风力发电站，风力加工厂；利用山上山下取之不尽、用之不竭的岩石盖工厂、盖学校、修筑石轨道；利用山势陡峭，架设高空运输线；利用山坡上的岩石缝隙，广栽果树；利用山坡上数不尽的栎树、桑树，大饲家蚕、柞蚕、蓖麻蚕；利用山坡上下的荒草，大量地发展了牛羊猪兔群……总路线、大跃进、人民公社充分发挥了人的主观能动作用，战胜了太行山上顽固的岩石，把山区建设得一天比一天更富足，更美丽。这不正是我们国家、我们民族的今天生活的缩影么！

金　柯

（《人民日报》1960年5月11日第8版）

摸大自然的"脾气"

——谈谈领导山区农业生产的经验

领导农业生产，就像打仗一样，需要摸透对方的脾气。搞农业生产是和大自然作战。摸脾气，就是要摸大自然的规律。山区的农业生产规律是极其复杂的，正如有人说的那样："山上山下，差别很大"，"山高一丈，大不一样"。林县是山区，地处晋、冀、豫三省交界的地方。这里历来灾害较多，威胁农业生产的有八大灾害，即：旱灾、虫灾、风灾、霜灾、雹灾、病灾、涝灾和山害等。这八害尤以旱灾为最严重，差不多每年都是春旱秋涝，涝后又旱，往往给大秋作物和小麦播种带来很多困难，有时甚至种不上庄稼。因而农民有三怕：一怕三月小麦拔节旱；二怕六月谷子捏脖旱；三怕秋后小麦播种旱。旱灾对人的威胁的确很大，但是只要摸准了十年九旱的"脾气"，预先有计划、有准备地和干旱作斗争，干旱的威胁就可以大大减轻。1959年冬和1960年春，林县又遇到二百多天的干旱。由于早有准备，全县动员了70%的劳畜力和大量机器，战斗了二百余天，终于保证了小麦的收成。

其次是虫灾，这是仅次于旱灾的一种灾害。如棉花上的油旱，玉米上的钻心虫，谷子上的子蝗，小麦上的红蜘蛛等等，年年都有。

其三是风灾。山区气候多变，风势激剧，狂风一起，便是飞砂走石，庄稼、房屋都被吹坏。

其四是霜冻。林县无霜期一般约一百五十九天，最短的地方只有一百零几天。无霜期短对农作物生长影响很大，特别是晚霜，更易造成大的危害。

其五是雹灾。仅 1944 年到 1957 年十三年之中，林县因冰雹而成局部灾害的就达十一次之多。遭雹灾的地方，农作物和山蚕、山果、树木、牛羊、房屋也都会受害。

其六是病害。由于气候冷热不调，庄稼就多灾多难，百病缠身。常见的有小麦黄疸病，玉米叶锈病，棉花立枯病，红薯黑斑病，谷子白发病，白菜软腐病等等。

其七是涝灾。林县山高沟深，地势倾斜，一有大雨，便发洪水，常常造成严重灾害，岗地凹地皆不收。

其八是山害。这是山区的一种特殊灾害，每年一到庄稼成熟季节，獾猫、狐狸、松鼠、猴子、刺猬等动物就来与人争粮了。

以上这些灾害，严重地影响着农业增产，造成有名的"穷林县"，直到 1956 年还是个缺粮县。

为了改变林县的穷困面貌，多年来，在山区工作的同志，一直在从多方面摸索农业生产的"脾气"，摸它的规律。

从历史记载中去摸。《县志》和各种社会调查、新旧材料，对我们都有用处。大办农业在某种意义上讲，也可说是大办农业科学。科学是虚伪不得的。因此，不仅查历史记载，而且要亲手作记载。什么时候刮狂风，什么时候下细雨，都要把它记录下来，从中研究规律。如雹灾记录，我们在十一年中，摸到了雹灾的三条路线：一是大头寺岭至赵村；二是金登山至乌云山；三是柏尖沟至河口。有雹灾就免不了这三条路线。诸如小麦档案、水文标志，也都有助于掌握农业生产的规律。

从群众中去摸。群众是土地的主人，他们土生土长，年年月月跟土地打交道。哪一片山坡，哪一道河流，哪一块土地是啥"脾气"，他们都摸得很熟，这一点比我们任何"外来人"都强得多。1960年春天抗旱点种时，武家水干部在山上找到很多山泉，就是因为他们深入群众，摸着了山泉的规律。如群众告诉他们说："三山碰头，必有汇流""深沟拐湾，必有山泉""坡边有块大石头，下边定有活水头"，等等。群众还教会他们用谛听的办法来测量地下水源，因此很快解决了担水点种的困难。

从农谚中去摸。很多农谚，是农民生产经验的总结。例如，"不搭白露节，光怕大雨泼""夏至不起蒜，必定散了瓣""小雪不收菜，光怕大雪盖""伏天划破皮，强似秋天犁十犁"……。每句农谚都说明一个规律。"不搭白露节，光怕大雨泼"就说明了阴历7月份雨多，麦子种的早了，会被大雨泼着出不来苗。还有"小雪不收菜，光怕大雪盖"。1960年我们就吃了这个亏。11月22号就小雪了，但天还暖和，有些同志就主张不拔白菜，说是还要长的，结果大雪果然纷纷扬扬的下了起来，一下把白菜、蔓菁、红萝卜都覆盖了。这是教训，也是经验，以后就懂得这一规律了。

从试验中去摸。有一个小农场固然是好的，可是哪有那么多的农场呢？干部就同群众一道广泛搞试验地，这是最切合实际的试验场。如四方垴过去不能种小麦，秋庄稼也是只能种一季，后来就领导群众试种，冬天施上蒙肥暖麦苗，不让严寒冻死，麦子果然上山了，每亩地收到二百七十多斤，比有些平地收的还多。后来他们根据这个经验，收小麦以后又试种了大麦，也成功了。在海拔两三千米高的山顶上，从此也能复播了。我们就这样从试验中去寻找规律，征服自然。

以上所说，仅是我们对农业生产"脾气"的初步摸索。认识只是手段，改造才是我们的目的。几年来，林县农业生产获得连续增产，主要是由于我们遵循"早、真、狠、思、俭"五个字，做了一些驯服自然的工作。

"早"，根据山区复杂的情况，在指导农业生产上，我们树立了一个

"从早"的观点。这主要是指早考虑，早准备，有备无患。根据林县"春雨贵如油"的特点，1960年在麦子还未成熟的时候，提早收拾好犁、耧、耙仗和种子，整顿好劳动组织，准备等到天一下雨，就来个抢种。果然，当麦子刚收完，就落了半场雨，全党全民就有组织地投入突击抢种。不等进入雨季，全县秋苗即普锄一至两遍，所以尽管6、7月份多雨，也没有荒田。玉米年年要发生钻心虫，以往是有虫才治，花了钱，误了工，还落个减产。1960年提早防治，不仅人力、物力消耗少，更主要的是保证了没出虫害，获得丰产。这叫一步主动，步步主动。

"真"，有了从早的指导思想，还必须树立认真的工作态度和作风。认真的态度体现着发愤图强、埋头苦干、脚踏实地的一种革命精神，如旱田变水田，不认真地打井、挖池、修渠、筑水库，是永远变不成的。1960年我县三秋工作做得既快又好，就是由于认真地订了计划，认真地解决了具体问题，很多生产队都在农事空隙就把粪送到地头，闲时做了忙时的活。"认真"与官僚主义是对立的，与一般化的领导方法也是对立的。比如干部进食堂，只动嘴，不动手，那还是不认真的。1960年全县作了一条规定：上至县委委员，下至生产小队长，每人每月到食堂亲自劳动三天，担水、烧水、切菜、擀面、洗锅碗，什么都要认真地实实在在地干。很多队干部原先不重视食堂工作，当他亲自劳动后，觉得搞好一个食堂是不容易的事情，从此格外对食堂关心了。

"狠"是指导农业生产的革命坚定性。与农业打交道，面对着两种恶势力：一是自然灾害势力；二是人的落后保守势力。这两种势力，如同两个大敌。大敌当前，没有一个狠心，没有一股狠劲，是不会把它战胜的。如林县种麦时间素来偏迟，小麦产量很低，1958年我们提出适时偏早下种，很多有保守思想的老农不赞成。但是我们并没有在这种习惯势力面前退却，仍坚持发动先进农民，适时偏早的下了种。在同等耕作条件下，终于获得了高产。我们由此得出这样一个结论：只要对问题识得透，拿得准，就必须狠抓到底。

"思"就是考虑问题。在考虑问题的时候，我们遵循了两个基本点，那就是党的方针政策和群众的觉悟程度、要求和意见。按照这两个方面去思考问题，决定行止，就可以无往而不利。比如养猪，中央早已指示应当"公私并举"，而我们有些同志不用说私养，就是小队养猪，他也是顾虑重重，不肯认真贯彻执行"公私并举"的政策，结果生猪发展缓慢。认真贯彻执行"公私并举"的政策以后，养猪事业很快就发展起来了。

"俭"，就是勤俭节约。不但要算总账、算大账，也要算小账。就一个公社、一个大队、一个生产小队来说，每年生产多少粮食、多少棉花，心里不能没有一个底子。林县山多地少，每人才合一亩多一点地，土地就是群众的"宝"，考虑问题就得从节省土地出发。1960年提出大发展养猪事业，接着而来的是猪圈问题，县委在合涧公社搞试点，第一个把猪圈修在一个小山上。这样不仅就草就水，便利放牧，出粪起土离地近，更主要的是节约了土地。不然，全县的猪圈就将占去七千二百四十一亩土地。再加上苗圃上山和修路节约，共节约了一万八千五百六十一亩土地，每年可以增产九百二十八万斤粮食。这对地少人多的林县，确是一大笔收入。

我们确信：在党中央和毛主席的思想指导下，在总路线、大跃进、人民公社三面红旗的光辉照耀下，大自然这匹猛兽，终将会听从人们的驾驭的。

中共河南林县县委第一书记　杨　贵

（《人民日报》1961年1月10日第2版）

全面考虑　长远打算　有水想到缺水

林县扩大冬灌蓄水防春旱

据新华社讯　河南林县采取各种方法，一面不失时机地进行冬灌，一面蓄水保墒预防春旱。

林县位于太行山区，山大石厚，历来多旱。中共林县县委对这一自然特点和气候规律很注意。去年秋播后因雨雪少，底墒差，就抓紧在麦苗盘根分蘖时进行灌溉，保证了小麦正常生长。入冬之后，县委领导同志又分头深入城关、横水等公社，实地检查冬季生产，发现水利条件差的高岗、丘陵、山坡地冬灌搞的不好，部分地区已呈现旱象；水利条件好的地区，如沿"英雄渠"畔的社、队，用水浪费，把淅河水白白放走。县委认为，前者说明冬灌中还存在薄弱环节，后者是由于对林县多干旱的自然特点认识不足，缺乏长远打算。而这两个问题都关乎着今年小麦收成好坏，必须认真解决。为此，县委立即指示各社、队要全面考虑，长远打算，要有水想到无水时，把该浇的地，因地因时制宜地迅速进行冬灌；同时，把能蓄的水尽量蓄起来，为春浇做好准备，预防春旱。

随后，县委又从县直属机关抽出四百五十名干部，组成工作组到各社、队帮助工作，协助各队在冬灌以前检查了墒情，确定应浇的地块和需要的水量，并且适应天冷易结冰的特点，对怎样浇水和浇水的时间也作了一般的规定。有的队把长畦宽畦改为短畦窄畦，以节约用水。为了节约用水，蓄水保墒，给春浇做准备，各队在进行冬灌时都注意了尽先用河水、井水，细浇匀浇，后用水池蓄水；并进行了水利工程的检修保护工作。石板岩公社发现部分山泉、蓄水池损坏，就在全面安排农活的情况下，由受益的生产队抽出劳动力及时进行整修。

各公社在蓄水中还注意了全面规划，合理布局。除了上游照顾下游，用水便利地区照顾用水困难地区，春播任务小的地区照顾任务大的地区，工业林牧用水照顾粮棉用水以外，特别优先保证了历年春旱严重的粮棉集中产区的蓄水。横水公社是全县有名的棉产区，四万多亩棉田，又系旱岗地，年年缺水，在这次蓄水中，全县就集中力量，将"英雄渠"、"跃进渠"、"万米泉"的水一齐往这个地区流放。现在各社、队在全县洹河、淇河等八条河上修建了闸、堰。还采取了小水近蓄、大水远放的办法，力争多蓄水。

（《人民日报》1961年2月8日第2版）

党的领导无所不在

——记河南林县人民在党的领导下重新安排河山的斗争

河南省北部太行山东麓，出现了一个大寨式的县——林县。

林县是老革命根据地，林县人民在抗日战争和解放战争中对革命贡献了不少力量。但是，这个山高石多的县，自然条件十分恶劣，水源奇缺，交通阻塞，人民生活困苦，历史上就以吃糠咽菜和逃荒著名。土地改革后的一九四九年，全县粮食亩产量平均只有二百二十多斤，直到初级农业生产合作社成立的时候，每年还要国家供应二千万斤粮食。

重新安排林县河山

富有革命传统的林县人民，迫切地希望对自然环境来个彻底的改造。林县县委根据人民的愿望，在一九五七年和一九五八年，两次作出开发山区的规划和决议，号召全县人民以"愚公移山"的精神，治山治水，修建道路，"重新安排林县河山"。

几年以来，林县的河山面貌已经按照革命人民的意志起了翻天覆地的变化。林县人民劈开了太行山的千寻石壁，修建了一条长达一百四十里的红旗渠，远从山西省平顺县境，把浩浩荡荡的漳河水引入林县；另外建成了全长一千五百里左右的渠道三十四条，修成中、小水库三十七座、蓄水池二千多个和旱井三万四千多眼。全县的水浇地已经由解放前的一万来亩增加到三十几万亩。

全县在交通方面，已建成公路五百七十一公里、田间车路二千五百公里，各公社百分之八十以上的大队都能通汽车和马车。社队拥有的胶轮马车一千多辆，手推小胶轮车五万多辆。山区交通阻塞的情况已经完全改观。

在全县人民的艰苦努力下，从一九五七年以来，共修成梯田三十八万多亩，植树造林和封山育林五十二万亩，修建谷坊一万九千多座、防洪沟渠三万多条、鱼鳞坑二千四百多万个。

重新安排河山的初步结果，林县的农林牧副各项生产有了全面的发展。一九六四年，全县粮食平均亩产量达到四百一十斤，为国家净提供商品粮四千四百多万斤；多种经营收入比一九六三年增长百分之十三。全县各人民公社生产队共有公共积累四千八百多万元，集体储备粮六千多万斤，而且绝大部分社员家里都有余粮。一九六五年，林县遇到历史上少见的大旱，全年粮食平均亩产量仍然达到三百六十一斤。

变化更大的是林县人民。千百年来，林县人民只能任凭老天爷摆布。现在，他们在党的领导下，已经成为一支有社会主义觉悟的、天大困难也吓不住压不倒的、敢于向大自然闹革命的劳动大军。

革命领导和革命人民

林县改造河山的成就充分说明，再险恶的自然环境，也是可以改变的。只要有了党的坚强领导，人民的革命精神发扬起来了，就可以掌握自然规律，让山山水水按照自己的意志变化。

这里最重要的，是党的领导。林县人民的革命精神，是在林县县委和各级党组织的领导下树立起来、坚定起来的。

林县人能吃苦耐劳，自小生长在山区，有的是开山劈石的能工巧匠。可是，过去，"小农"这个"小"字使得人们在自然面前显得那么渺小，那么无能为力。林县人做梦也想"啥时候引来漳河水，咱林县人就不受穷了"。而面对巍巍的太行山，却是年复一年，一筹莫展。

互助组、合作社成立了，人们的胆气壮了一点，想同天斗一斗了，可是思想还没有完全从小农经济的枷锁中解放出来。一条渠，修得弯弯曲曲的，因为占这个村的地不同意，占那个村的地又说不通。建设社会主义大农业，同小农思想的残余有着尖锐的矛盾。

林县县委有远大的革命理想和雄心壮志。县委的同志们说：成天想的就是把林县建设成社会主义的新山区！可是，如果革命的领导不能教育出革命的人民，斗争又靠谁去进行呢？为了改造自然，林县县委把改造人、教育人的工作放在第一位。

山区有没有社会主义前途？有人对建设社会主义新山区充满信心，有人却说拖拉机上不了山，山区建设不了社会主义。建设山区采取什么方针，走什么道路？有人主张坚持社会主义方向，发展集体经济，兴修水利，保持水土，精耕细作多施肥；有人却说："要得快，做买卖，南集倒，北集卖，转手就是几百块"。搞建设，是自力更生还是依赖国家？粮食增产了，是分净吃光，还是适当积累、储备，力争扩大再生产？……处处是两条道路的斗争。要发展社会主义的生产建设，就必然会遇到种种资本主义思想的抗拒。林县县委的做法是：要敢揭阶级斗争的盖子，把两种思想、两条道路的矛盾针锋相对地摆在群众面前，发动全民的大辩论；坚定地相信群众的大多数，通过细致的思想教育来解决人民内部矛盾。既不模棱两可，又不用大帽子压人。这样，在林县，每次两条道路两种思想的大辩论，都提高了多数人的社会主义觉悟，保护了多数人的社会主义积极性，促进了生产建设的大发展。

林县县委千方百计地在群众中树立一切为革命的思想。任何一种献身山区建设、献身革命斗争的先进思想行为，都要在群众中大宣大讲。平川的姑娘肯嫁给山里人了，她的先进思想便会被到处传扬。革命战争时期的老红军、老党员、老干部，掩护过革命者的老房东，为山区建设负伤的干部和群众，党和人民都照顾他们的生活，关心他们的健康，倾听他们的意见。为革命为人民而鞠躬尽瘁的人，都受到党和群众的悼念。这些，都使群众从生活中懂得革命两个字的伟大和光荣。

要人民为革命而斗争，就要使人民真正体会到革命是为解放人民。林县的同志们有了为人民的思想，关心群众生活就有了生动活泼的内容。修水利、办交通、发展生产之类的大事，用高度的革命热情去干，群众生活中的许许多多的小事，也用充沛的革命感情去做。林县县委特别关心山区人民，特别关心那些有特殊困难、特殊需要的群众。老羊工需要特制的大伞，山区人民需要特制结实的鞋，防治大脖子病需要的碘盐……，县委都认真组织有关部门供应。县剧团成立了，第一次演出就到深山区。革命为人民，人民为革命，党和人民之间鱼水情深。林县县委听群众的话，林县人民听党的话，干部和群众齐心为革命。

林县县委在建设山区的斗争中，把人的因素放在第一，人的因素也就成了生产斗争中最活跃的因素。林县县委的革命理想变成了群众的共同理想，理想也就逐步变成了现实。

革命远见和群众利益

六千多万斤集体储备粮，四千多万元的公共积累，对于粮食高产县，也许并不是一个惊人的数字。但是，在林县，这个数字却是非同小可的。每人一亩半并不肥沃的耕地，粮食亩产量去年才超过四百斤，每年还要为国家提供不少商品粮。群众的口粮并不比北方一般地区的标准高多少。在这种情况下，储备这么多的粮食，发展这么多的公共积累，这可能吗？然而，这是事实！而且，绝大部分群众家里还有数量不等的余粮。

有了革命的远见，真正关心群众的利益，在通常情况下办不到的事情就可以办到，而且可以办得好。

要建设社会主义的大农业，要修水利、办交通，钱从哪里来？林县县委认为应当自力更生，自己积累，而不能躺在国家身上。修水利、办交通……，这是林县广大群众的最根本的利益，最迫切的要求，经过群众的反复讨论，大家愿意为了长远的、更大的利益而把改善生活的速度稍稍放慢一点。

林县在历史上从来就是灾荒频繁。现在，人还不能完全胜天，储粮备荒就是人和自然斗争的巨大后备力量。集体没有储备，一遇灾荒，群众就会走熟悉的老路——卷起铺盖，各奔前程，改造自然的战斗必然被打乱步伐。人无远虑必有近忧，党的领导有了远见，时时考虑到最坏的情况，便把备荒做为一项重要的战略任务来教育群众动员群众。

当帝国主义还存在的时候，革命者不能不时刻考虑到战争的可能。林县人民经过长期革命战争的考验，懂得阶级敌人的本性，懂得储备粮食应付革命斗争中的一切突然事变的深远意义，就把储粮备战做为一项严肃的政治任务对待。

为了战胜自然的敌人和阶级的敌人，林县人民发扬了艰苦朴素的光荣革命传统，丰年也当歉年过，平年少储备，丰年多储备。平均到每个人身上，每年节省下来的数目不多，可是，从一九五八年人民公社成立起，长期坚持下来，就积累成了一个可观的数目。

有了六千多万斤集体储备粮，再加上群众家里都有点家底子，群众在自然面前腰杆子就硬了起来。今年，林县遇到历史上少见的大旱，井池干，河断流。但是，林县人民改造自然的斗争却越战越勇。红旗渠总干渠麦收前竣工。那时，只能浇灌五万亩土地。苦战一夏一秋，灌溉面积扩大到十七万亩。去年，林县还没有一个电灌站或水轮泵，今年，林县人民拿出了公共积累，一年就建立电灌站五十四个，动力机械抽水站二十九个，水轮泵站五十九个，增加了三万五千亩灌溉面积。一百多个重灾大队，决心要走大寨路。他们在受灾之后，一不要救济粮，二不要救济款，三不要救济物资，依靠集体力量来解决困难。

坚定不移和坚持不懈

实现一切革命的措施，都曾经遇到困难，遇到斗争。修红旗渠，本来就有数不清的困难。红旗渠开工不久，林县又发生大旱灾。困难更加严重了。搞积累、储备以及一切巩固和发展集体经济的措施，同样困难重重。

一切革命的措施，在执行的过程中，都难免发生这样那样的缺点。修红旗渠，一开始动用劳力多了，影响粮食生产；施工组织不完善，工效不高；抓了大型水利，放松了坚持多年的水土保持……其他一些革命措施，也发生过这样那样的缺点。

在困难面前，在缺点面前，人们议论纷纷。有人说，林县在困难时期还修渠、修路、搞储备……，这是不从实际出发的蛮干……，在群众中，说这说那的都有。

在这种情况下，县委敢不敢大胆地领导，能不能看清形势，分清是非，辨明方向，继续高举总路线红旗，把斗争进行到底？这是斗争成败的关键，也是对县委的革命自觉性和坚定性的严重考验。林县县委经受了这次考验，在困难时期体现了党的坚强的领导。

少数同志在冷言冷语面前思想波动了：算了吧，何苦一定要迎着顶头风走？咱们没明没夜地干，为的是啥？林县县委鼓励大家说："别人随便说说，咱就打退堂鼓了？咱是为谁干的？咱是为啥干的？"驱逐了个人杂念，就有力量在困难中坚持斗争，坚持革命。

在自然灾害造成的困难最严重的时候，林县县委曾经根据上级党委的指示，把红旗渠的大部分工程暂时停止下来进行休整。经过短时间的休整，在情况还没有完全好转，但已准备了一定条件的时候，就根据群众的要求，经过上级党委批准，结束休整，继续施工。

有人说，在条件不完全具备的情况下动手干这样的大事，这不是实事求是的态度。林县县委却认为：条件是可以边干边创造的。他们说，果子长在树上，伸手摘不着，就不摘了，这并不是实事求是，而是不敢革命、不敢斗争；跳一跳能摘到，就跳起来摘。敢于按照客观规律进行斗争，敢于不断创造条件，才是真正的实事求是。林县人民敢于斗争，终于战胜了重重困难，摘到了果子，在今年四月修成了红旗渠的总干渠。

林县县委用一分为二的态度对待修建红旗渠、发展储备粮等工作。他们承认具体工作中的各种缺点，对待群众的革命创举，却决不否定。红旗渠停工进行休整的时候，已经修通了四十华里的渠道。漳河水已经流进林县境内。这对林县人民是多么大的鼓舞啊！这个成绩是任何缺点都掩盖不了的。如果一看到缺点，就丧失了继续实践的勇气，怎么可能练出本领，掌握同自然斗争的规律，进行改天换地的斗争呢！林县县委没有被缺点以及由此而来的责难吓住，采取了接受教训、改正缺点、继续前进的正确态度。在困难的时候敢于继续高举总路线的红旗，坚定不移地坚持正确的政治方向，这是林县改造自然的革命斗争取得胜利的关键。

阶级路线和阶级分析

一支贫下中农的阶级队伍，在林县的农村中逐步组织起来。坚决要求发展集体经济、进行生产革命的是贫下中农，站在集体经济的重要岗位上的是贫下中农，在改造自然的斗争中艰苦奋斗带头克服困难的是贫下中农，和一切损害集体利益行为坚决进行斗争的还是贫下中农。

阶级斗争的规律，必然地使一部分人对阶级路线经常有各种不正确的理解，贯彻阶级路线，在林县就成为经常的斗争。合作化运动完成了，有些同志认为：大家都是干活吃饭，没有什么阶级不同了，不必强调阶级路线了。这些同志对群众中的各种不同意见不作阶级分析，结果是莫衷一是，甚至得出错误的结论。林县县委经常对干部进行阶级路线的教育。一九六二年在农村进行社会主义教育，又着重在基层干部中树立依靠贫下中农的思想。可是不久，县委又发现和解决了贯彻阶级路线中的一个重大问题。

一九六三年春，林县由于贯彻有关人民公社的各项政策和进行了社会主义教育，贫下中农的积极性大大高涨，争相出工，要求扩大再生产。基层干部却派不出那么多活来，说是劳动力过剩了。林县县委没有简单地把它当做一个劳动力多少的问题处理。他们进行深入调查，原来是一些基层干部没有贯彻阶级路线。当时贫下中农要求扩大再生产，集体经济也已经具备了从多方面扩大再生产的条件。可是，一部分生活富裕的中农却完全是另一种态度，一说搞农田基本建设就怕投工多了降低工分值，影响了他们的收入；一说开展多种经营，就强调多搞家庭副业，少搞集体经营。基层干部受这些中农思想的影响，在新形势下的两条道路斗争中就站错了位置。他们不去根据贫下中农的要求，积极发展集体生产，使贫下中农的社会主义积极性受到压抑。林县县委解决了基层干部的这个认识问题，全面地树立了贫下中农的优势，农田基本建设发展起来了，多种经营的局面打开了，各种增产措施实现了，集体经济有了全面的发展，生产新高潮顺利地发展起来。林县的同志们说：有了阶级队伍，贯彻政策有人响应，党的话有人听，生产有人带头，斗争有了力量，一切困难都能克服，一切歪风邪气都可以制止。

贯彻阶级路线不只是农村基层组织的事情，必须是全党的共同的政治任务。林县县委在生产队蹲点中发现这样一个问题：一个贫农青年和一个地主家庭的女儿结了婚，媳妇受了地主父母的教唆，结婚三天就要求离婚，而且要把男方置买的一切衣物用具带走。这分明是一种讹诈行为。法院竟然批准了女方的要求。从这一件小事以及一些类似的现象中，县委发现了一个重大问题：政府部门的一些同志只有业务观点，没有阶级观点。业务部门忽视政治，是一种十分危险的倾向。林县县委抓住了这个问题，采取各种措施，把各部门的工作狠狠地从政治上提高了一大步。现在，各部门的业务工作空前活跃起来，通过各自的业务工作来更好地为贫下中农服务，为农业生产服务。供销社积极扶植集体经济开展多种经营，为贫下中农解决各种困难；粮食部门拿出很大力量帮助生产队解决储备粮的保管问题和供应良种；交通部门帮助山区生产队修田间道路，为改造远地创造条件；手工业部门下队修理农具，甚至带上缝纫机碎布到山区为贫下中农修补衣服……。贫下中农说：过去老把他们看成是做买卖的、办公事的，现在看出可真是为咱们服务的。

贯彻阶级路线，必须有阶级斗争的观点、团结大多数的观点、发展生产的观点。林县农村中有一部分贫下中农由于疾病、多子女或劳力弱等原因而生活困难。用什么办法帮助贫下中农克服困难？林县县委坚持以自力更生精神从生产上扶植贫下中农的方针，坚决反对单纯救济观点。单纯救济，为集体增加负担，不利于发展生产，不利于团结中农，不利于发挥这一部分贫下中农的积极性。从生产上扶植，为他们安排合适的农活和家庭副业，帮助他们解决工具不足等困难，必要时给以适当的救济。这样，贫下中农的困难解决了，在集体生产中也就活跃起来了。贫下中农积极了，大部分中农也跟着积极起来。坚决地依靠贫下中农，也就更好地团结了中农。

政治工作应该放在第几位

政治工作在县委的领导中应该放在什么位置？林县县委本来是比较明确的，一贯注意抓阶级斗争，抓党的建设，抓思想政治工作。可是，到了合作化运动完成以后，县委领导开始遇到了新问题。

这时，领导好社会主义集体经济，是一个全新的课题。办好集体经济的高度政治热情，加上遭受自然灾害以后提高粮食产量的迫切要求和生产中的一些具体困难，使林县县委把很大的精力放在日常生产的各种具体措施上面。同时，随着建设事业的发展，县里财经、文教、政法……各项工作的战线越来越长，方面越来越广，怎样领导好这些工作，也是一个新问题。为了加强对这些工作的领导，县委就直接插手处理许多业务行政工作。这样，林县县委领导工作中的事务性越来越大了，政治领导相对地日渐削弱了。

事务性的领导同时也助长了机关化的作风。县委不得不用很多时间开会、批文件、听汇报、看表报……，深入基层蹲点的时间比过去减少了。

由于忙生产忙业务，而放松了党的思想建设和组织建设，这情况也使林县县委感到焦虑。林县是老革命根据地，党的基层组织战斗力比较坚强。基层组织中有大批老党员，他们一般对党忠诚，埋头苦干，能够较好地联系群众。但是，他们是民主革命时期入党的，反封建的觉悟较高，但社会主义革命思想还不是十分明确，有待通过实际斗争和系统的社会主义教育来逐步提高觉悟。大批新党员没有经过疾风暴雨的阶级斗争和严格的党内生活的锻炼，阶级觉悟和党性锻炼都还远远不够。他们感到必须坚决改正党不管党的状况，党组织在社会主义革命和社会主义建设中，才能充分地发挥战斗堡垒作用。

林县县委的同志们说，县委领导中这种多抓业务削弱政治领导的状况，是由于缺少经验而引起的。但是，是安于这种状况还是坚决改正这种状况，却是对县委的政治责任感和革命自觉性高低的一个考验。

林县县委经过充分的酝酿，从思想上组织上进行了很多准备工作，着手改变这种削弱政治领导的状况。他们抽调干部加强了县人民委员会和所属各科局以及公社管委会的领导骨干，同时帮助行政干部划清独立负责地进行工作和闹分散主义的界限，尊重党的领导和单纯依赖的界限，使他们能够很好地把生产的行政领导和业务领导的责任担起来，以便县委集中力量做好政治工作。

从一些生产队派不出活，从一个贫农的婚姻案件中，林县县委锐敏地抓住了新形势下阶级斗争的新动向，把生产和各项工作提高到一个新的水平。这是林县县委领导水平的一个跃进，这个跃进，就是把政治工作放在县委领导的第一位的结果。摆脱了行政事务工作，深入基层蹲点，就能够从基层看到全局，透过生产中的现象，抓住阶级斗争的本质问题，有效地通过两条道路斗争促进生产斗争。

抓革命，县委本身必先革命化。林县县委在加强政治工作的同时，也和机关化的作风进行了斗争。

林县县委在克服机关化作风方面，作了几件有意义的事情：第一，领导必须到基层蹲点；第二，蹲点必须和群众共同劳动共同生活，从群众中直接取得第一手材料，不许随便在生产时间找基层干部开会汇报情况。到基层去，而仍然靠听汇报了解情况，非但自己不能深入群众，还要影响基层干部不能很好地深入群众。

靠蹲点、参加劳动掌握第一手材料，不但使县委的领导深入了，而且给基层干部解除了一个大负担——基本上解决了"五多"这个老大难的问题。

"五多"问题，过去解决过多少次，却总是解决不了。为什么这次就能够解决呢？其实，也没有什么奥秘。区别就在于：过去是治标——单纯地用"砍"和"压"的办法减少一些会议和文件表报。因为领导作风没改变，没有解决情况的来源问题，过不多久，会议、文件、表报就又多了起来。这一次，是治本，县委的同志下去蹲点，在重大的问题上有了第一手的材料；县人委的同志也经常下去调查研究；各业务部门要了解情况，也是靠自己下去调查，许多部门都选择一些生产队建立经常的联系，作为情况的来源。大家都以掌握第一手材料为主，以第二手材料为辅，文件、表报自然就少了。

林县县委领导思想的革命化促进了领导作风的革命化，领导作风的革命化又为县委加强政治领导提供了有利条件。

一个县的工作战线很长，方面很多。县委的领导怎样才能做到既不包办代替，又能统帅全局，使党的领导无所不在。林县县委通过自己的实践，学会了突出政治，以毛泽东思想来统帅全局。这些年来，他们认真地体现了毛泽东同志的以阶级斗争为纲的思想、革命精神和科学态度相结合的思想、人的因素第一和一切为人民的思想……。毛泽东思想的光辉开始普照全县，全县的各项工作出现了蓬蓬勃勃生动活泼的新局面。县委的领导也就做到了既不包揽事务，又能统帅全局。

人民日报记者　宋　珍

（《人民日报》1965年12月18日第1版）

林县不仅是石匠多

林县的水利修得好。

过去的林县，严重缺水。有的人一年只能在春节洗一次脸，有的童养媳因为打翻一桶水被迫上吊寻了短见，多少人全家老小出外逃水荒。如今，在太行山上流转一百四十二里的红旗渠修起来了，二万二千多个旱井、旱池打出来了。这个过去的苦旱之地，正在向"旱天不旱地"前进。

许多山区、干旱地区都在学习林县的革命精神和取水经验。然而，也有另外一种议论。有一个县委的负责同志，到林县去看了回来，一方面赞不绝口，另一方面却说："这只有林县办得到——人家石匠多。"

林县的石匠究竟有多少，我没有调查，不敢下断语。林县面貌的改变，不仅在于石匠多，却是可以断定的。过去缺水曾经给林县人民带来那么大的苦难，为什么林县的石匠们不曾修起一条水渠，而只有在人民公社化以后才修了起来呢？这是石匠多少的问题吗？林县土门大队有一家爷儿俩，父亲一目失明，儿子双目失明，在打井运动中，爷俩商量说："现在党号召打井，咱们说啥也要打。咱多尽一点力，就可以少让党和群众照顾一些。"儿子摸索着抡锤往下打，父亲靠一只眼在旁指点，到底打成了一口石井。当地的群众说："只要我们意志坚，肉手也能穿透太行山。"这证明是不是树立了改造自然的雄心壮志，这才是真正的关键所在。

各个地区的条件不同，我们不应该勉强去做那些做不到的事情，可是我们更不应该把革命精神丢掉，对那些经过努力可以做到的事也不去做。

现在的确有许多并不太难做到的事，只是因为一些"莫须有"的理由而没有去做。比如，路边种蓖麻，又不花工，又不占地，又可以生产油料，又可以增加社员收入，该不是太困难的事吧？有的县大路、小路边上都种满了，可是一出这个县境，还是同样的土质、同样的气候、水利，立刻变成稀稀拉拉。真是"运用之妙，存乎一心"，差别就在于县委领导上抓与不抓，有没有这抓的念头。

办什么事情，当然都要讲究方法，创造条件，但首先要有办的决心。没有这一条，什么都无从谈起。有了这一条，方法、条件，才能在实践中逐步创造出来。有个县委过去讲到扩大种双季稻，就皱眉头，据说是困难重重。上面皱眉头，下面的措施、办法就更出不来了。今年他们学了大寨，下了决心，又组织全县人民学习大寨。说也奇怪，这一学，原来的许多所谓困难都不见了。早稻插秧水冷，群众说："贾进才冰天雪地还打石头呢！"双抢劳动力紧张，群众也找出了安排的办法。双季稻种植的面积迅速扩大了。

看起来，要在比学赶帮超的群众运动中争上游，先要把脑子里"人家石匠多"之类的障碍搬掉才好。

曾尚友

（《人民日报》1965年12月23日第6版）

毛泽东思想指引林县人民修成了红旗渠

河南林县盛大集会热烈庆祝红旗渠竣工通水

据新华社郑州二十日电 河南省林县人民今天举行盛大集会，热烈庆祝红旗渠竣工通水。

天还没亮，许多公社社员就扛着彩旗，喜气洋洋向红英汇流、桃园渡桥、夺丰渡槽、曙光洞等几处集会地点进发。参加集会的共有十几万人。

中共河南省委第二书记、河南省省长文敏生，省委书记处书记赵文甫、杨蔚屏等省委负责人，以及全省各地委、县委的负责人，山西省晋东南地委、晋东南专署和平顺县委负责人，也参加了庆祝大会。

中心会场设在合涧公社红英汇流的地方。会场两旁贴着对联：高举毛泽东思想伟大红旗，战天斗地重新安排林县河山。

中共安阳地委副书记兼林县县委书记杨贵，在庆祝大会上热情地赞扬了用毛泽东思想武装起来的林县人民战天斗地的革命精神。

中共河南省委第二书记、河南省省长文敏生，和山西省晋东南地委、平顺县委代表，在大会上向林县人民致以热烈的祝贺。修建红旗渠工程的劳动模范代表杨双喜，也在会上讲了话。

在庆祝会上，中共河南省委和省人民委员会授给林县人民一面锦旗，发给修建红旗渠的劳动模范每人一套《毛泽东选集》。中共安阳地委和安阳专署向林县人民发了奖状。中共林县县委和县人民委员会向修建红旗渠的三十三个特等模范单位、四十二个特等劳动模范发了奖。

十二点二十分剪彩放水。一干渠的红英汇流处，二干渠的夺丰渡槽，三干渠的曙光洞，都同时放了水。广大社员见漳河水顺着渠道滚滚流来，欢腾雀跃，掌声、锣鼓声、鞭炮声和哗哗的流水声交织在一起。有的欢乐地蹦了起来；有的挥舞彩旗，高喊：毛主席万岁！共产党万岁！一个老大娘见到漳河水流来，含着泪说：漳河水啊！漳河水！二十年前，干旱逼着我逃荒，路过漳河时，喝了你几口，没想到你今天乖乖地流来了。漳河水流到一向缺水严重的东岗、河顺、横水、东姚、采桑等公社时，社员们信心百倍地说，有了水，增产就更有保证了。

河南省林县人民开山导河的雄伟工程——"引漳入林"的红旗渠全线完工放水了。这是高举毛泽东思想伟大红旗，坚持贯彻党的建设社会主义总路线，充分发挥人民公社的集体力量，依靠广大人民的无穷智慧，以一锤一錾的愚公精神，经过六年多的艰苦奋战，在水利建设战线上所取得的一个伟大成果。

在社会主义时代实现了多年的愿望

红旗渠渠首在山西省平顺县的侯壁断下。林县人民在这里把漳河水拦腰截断，让它按照人的意志，顺着红旗渠流入林县。底宽八米，过水量二十五秒立方的红旗渠总干渠，全长一百四十里，它在太行山腰横空飞越，到达林县北部的坟头岭。接着的是三条干渠：一干渠向南同原有的英雄渠汇合；二干渠朝东南直指安阳县边境；向东北去的三干渠，由支渠接连、达到河北省涉县。三条干渠上有四十二条支渠。漳河水从渠首流到林县最远的一个村庄途经三百多里，需三天三夜时间。

把漳河引到林县，是全县人民多年来的愿望。

林县五百多个村庄中，有三百多个没有水源。这些地方不要说是用水灌溉农田，就是人畜用水，也要翻山越岭，到几里甚至几十里以外去担。全县每年到远处挑水就用三百多万个劳动日。一些劳力少的贫下中农，下地干活，就顾不得担水，有时只能吃炒面，啃干粮。在干旱年月日子更苦。解放前，缺水造成了不少妻离子散的悲剧。

在林县工作的干部，忧人民之所忧。从抗日战争时期开始，到一九五九年，他们领导人民先后修了抗日渠；挖了成千上万个蓄存雨水的旱井、旱池；修了三十多座中小型水库和英雄渠、淇南渠、淇北渠等。林县县委设想，凭着这些水利工程把雨水大量蓄积起来解决吃水、浇地等问题。可是一九五九年的一次大旱，无水可蓄，群众生活和生产用水的问题仍然解决不了。林县县委总结了这些年来的经验教训，得出了结论，要从根本上解决水的问题，必须把漳河水引到林县。县委的设想，得到了广大群众的衷心支持，群众同意沿太行山开渠，引漳入林，并把渠道命名为"红旗渠"。

如今，群众的愿望实现了。红旗渠的竣工通水，正在把原有英雄渠、抗日渠等许多渠道，和三十多个中小型水库以及成千上万的旱池、旱井全都串连起来，形成一个能蓄能灌的水利网。全县有十一个公社的四十多万人民，祖祖辈辈"吃远水"的苦日子从此结束。林县的生产面貌正在发生显著变化。目前红旗渠水已灌溉三十三万亩土地。为了实现设计灌溉面积六十万亩的要求，林县人民发扬不断革命精神，正在加紧进行支、斗、毛渠等配套工程建设。

为革命修渠

红旗渠是在一九六〇年二月动工兴建的。为革命修渠的顽强干劲，藐视困难的英雄气概，始终贯穿在整个施工过程中。

工程刚开始的时候，要在山西平顺县境内施工。当时几万名男女青年社员组成的修渠大军，带着毛主席的书，背着干粮和行李，扛着铁锤和大镐，奔赴百里以外的施工工地。工地附近村庄小，民房少，住不下，很多民工便靠山沿渠搭草棚、挖窑洞，住了下来，有的就住在石缝里。秋天阴雨连绵，草棚、帐篷漏雨，民工们卷起铺盖，大家背靠背的顶着雨布睡。那时，沿渠线的道路，只有太行山旁一条羊肠小道，运输相当不便，有时运不来粮食、蔬菜，民工们也不埋怨，照样施工。

最艰难的是一九六一年。由于一九六〇年大旱，全县粮食歉收，一九六一年留在渠道工地上继续施工的几百名青年，生活相当艰苦。但是，他们为红军两万五千里长征的革命精神所鼓舞，坚持在工地上为革命修渠。晚上映着窑洞的煤油灯光，读毛主席的书，学习黄继光、董存瑞的英雄事迹。早起傍晚上山去采集野菜，掺上公社送来的粮食吃；白天就挺起腰杆，抡起十几磅重的大锤打钎，爆破岩石，开凿山洞。

在红旗渠施工过程中，有许多公社、生产大队的干部和社员，一直远离家乡，长年在工地上战斗。这些人只有一个信念：为了革命，为了全县人民的利益，就是历尽千辛万苦，也在所不辞。在县城东南的东姚公社，距离红旗渠渠首最远，受渠水灌溉效益最迟，但是，这个公社的社员却是一支积极参加修渠的"远征军"。有段时期，他们被调到二干渠上修渠，而东姚受灌溉效益的是一干渠的水。有人问他们："二干渠的水浇不到东姚的地，你们白费那个劲干什么？"东姚的民工说："只要能把漳河水引到林县，即使先浇其他公社的地，咱林县不也是多为国家打粮食吗？"象东姚这样风格也是红旗渠工地上的普遍风格。许多民工都公而忘家、公而忘私。河顺公社五十多岁的老石匠魏端阳，几年来一直离家在水利上干。他家孩子多、劳力弱，他老伴问他："自留地没人种，咋办？"魏端阳说："红旗渠水不过来，全县大田不能多打粮，光种咱小片自留地，顶啥用？"横水公社有个生产队副队长王雪保，二年没回家。他爱人捎十几次信来，说："家里人多，房少，粮食没处放。你回来盖房子吧！"王雪保说："全县人民的幸福渠没修好，咋能先盖自己的房？"许多公社、生产队社员，按受益面积所承担的修渠任务，早提前完成了，也不回家，又自动去支援别的队。他们说："红旗渠如果有一段没有修通，水也流不过来，一定要大家都完成任务，共同带水回家。"

"就是铁山也要钻个窟窿！"

在红旗渠全长三百四十三里的总干渠和三条干渠上，英雄的林县人民，斩断了五十一座高达二百多米以上的悬崖峭壁，开凿了总长近十八里五十九个山洞，修建了总长五里多的五十九座渡槽。这些工程都是非常艰巨复杂的，但是，他们都被英雄的人民，以顽强的革命意志拿下来了。

在总干渠上开凿长达六百一十六米的"青年洞"的时候，民工们把钢钻打在石英岩上，直冒火星，光见白点，就是凿不进去。从洛阳矿山机械厂借来了一部风钻，用这部风钻打炮眼，不是卷了头，就是摧了尖，只钻了三厘米，就毁了四十五个钻头。所有的钻头都用完了，钻不动坚硬的石头。这时，战斗在这里的三百多名男女青年，在坚硬的石山面前豪迈地提出："石头再硬，也硬不过我们的决心，就是铁山也要钻个窟窿。"他们一直坚持用手打钎，震得双手麻木，胳膊酸痛，而工效一天比一天高，洞一日比一日深。经过一年零五个月的苦战，这条山洞终于打通了。

三干渠上长达八华里的曙光洞，是从一条石岭下开通的。在这里施工，遇到了排烟、排水、塌方等重重困难。为了排除困难，民工们一共打了三十四个竖井，最深的达六十二米，最浅的也在二十多米以上。洞里渗水，他们用水桶等工具向外提；洞顶塌方，他们用木料支撑，以料石圈砌；放炮的硝烟排不出去，他们就下到洞里用衣服向外扇。

在一干渠建筑高二十四米桃园渡桥的时候，需要三千根木料搭脚手架，而总指挥部只能解决一千根。这时，在这里施工的民工们吸取了民间建房上梁的办法，设计一个简易的拱架法，克服了木料不足的困难。二干渠上四百一十三米长，四米宽的大渡槽，全由一块块料石垒砌起来的，有人说这是红旗渠的一个巨大的"工艺品"。

发扬自力更生的革命精神

红旗渠是林县人民依靠人民公社集体经济力量，发扬自力更生的革命精神建成的。修建总干渠和三个干渠所用的资金共是四千二百三十六万多元，其中，百分之七十九点五是由县、公社和大队、生产队自筹的。

这条渠道工程动工的时候，正是我国遭受严重自然灾害的时期。这时候，林县人民不伸手向国家要投资，要材料，而是发扬自力更生的革命精神，依靠集体力量自己筹划。他们在施工过程中使用自己仅有的一点资金时，总是精打细算，把小钱当个"碾盘"使。非生产性费用，一钱不花；自己能制造的，坚决不买；非花不可的，也要算了又算，抠了又抠。为了节约资金，工地上把匠人们组织起来，办了炸药加工厂、木工厂、铁匠炉、石灰窑、木工修缮队和编筐小组。他们创造了省钱的"明窑烧灰"办法，烧出近三亿斤石灰，比买现成的节约资金一半以上；修渠用的一半以上的炸药也是自己制造的，买一斤炸药的资金就能制造十斤炸药。他们还自己编制了两万一千多个抬筐，纺了三万八千多斤麻绳，利用废木料制造两千多辆小车；手锤、大锤等工具全部由工地制造，总共节约开支二百多万元。

——《独立自主、自力更生方针的一曲凯歌——记河南省林县人民以愚公移山的精神，劈山导河，完成红旗渠配套工程的事迹》（《人民日报》1969年7月9日第4版）

　　林县人民修建红旗渠，没有一个工程师，也没有一个大学生，技术力量也是自力更生解决的——主要依靠当地的老匠人和少数几个中等专业学校毕业的技术人员。在建设过程中，老石匠路银变成了出色的农民工程师，他根据实践经验提出修改焦家屯大渡槽的设计，为国家节约十几万元建设资金，还提高了质量；机关里一个通讯员李天德，已经成为一个既能测量又能设计的水利技术员；普通农民常根虎成了著名的崩山炮手。贫农出身的吹鼓手郭金良，学成了人人佩服的石匠手艺。这些人是修建红旗渠的骨干。在红旗渠上，有三万多个普通农民成了熟练的石匠，二百多人学会了测量。为今后进一步建设山区，培养出一批又红又专的技术人才。

感人的共产主义风格

红旗渠是越省境、跨县界建成的。它体现了人民公社时代集体农民的共产主义风格。红旗渠从侯壁断下开始，有四十里渠线穿过山西省平顺县境内的太行山。山西省委和平顺县委毅然更改了修建两座水电站的规划；平顺县石城和王家庄两个公社的社员，让出了近千亩耕地，迁移了祖坟，砍掉了大批树木，让林县人修渠。石城大队老贫农孔东新说："咱天下农民是一家，不能看着林县的阶级兄弟受干旱的害，过苦日子，咱平顺县毁几百亩地就能救林县几十万亩地，这是一步丢卒保车的好棋。"王家庄大队王伦说："毁了树可以再栽，咱少吃点花椒和水果是小事，让林县几十万人喝上水是大事！"当林县修渠大军来到平顺县时，石城和王家庄两个公社的很多社员，让出自己的好房子，供民工住；有的把自己的毯子铺在民工的床上；有的用家里准备过节的白面和鸡蛋慰问生病的民工。山西人民这种共产主义风格，受到林县人的普遍赞扬，也激励了他们的斗志，为他们战胜困难修建红旗渠增添了精神力量。

（《人民日报》1966年4月21日第2版）

人民群众有无限的创造力

毛泽东同志说过："只要我们依靠人民，坚决地相信人民群众的创造力是无穷无尽的，因而信任人民，和人民打成一片，那就任何困难也能克服，任何敌人也不能压倒我们，而只会被我们所压倒。"

河南林县红旗渠的建成，又一次证明了毛泽东同志的这个论断的英明和正确。相信群众，依靠群众，充分发挥人民群众的革命积极性，不但是我们取得人民革命战争胜利的决定性因素，同样是我们取得社会主义建设胜利的决定性因素。突出政治，进行社会主义经济建设，红旗渠是一个光辉的榜样。

劈开太行山，修建红旗渠，这是林县人民在改造林县旧河山的斗争中的一个大胆的创举，是从根本上改变林县自然面貌的有决定意义的一战。林县位于太行山东麓，是一个干旱山区，缺水到了惊人的程度。历史上，林县人民不止一次地逃过粮荒，也不止一次地逃过水荒。解放以来，林县县委已经领导群众进行了大规模的水利建设，但是由于县境内缺乏充足的水源，缺水的问题还没有彻底解决。从山西平顺县引来漳河水，就能够在很大程度上解决缺水的问题，就能够加快林县的社会主义建设。

但是，远从山西平顺县把漳河水引到林县来，能够办得到吗？在五十多处人们无法立足的悬崖绝壁上凿成渠道，斩断二百四十多个山头，跨过二百七十多条沟河，这么艰险的工程，林县人民是闻所未闻的。而修建红旗渠的最初几年，正是林县和我们国家连续遭受自然灾害的困难时期，资金缺乏，物资缺乏，甚至钢钎、镐头、抬筐、抬杠等简单工具也很缺乏。在这许许多

——《林县人民十年艰苦奋斗 红旗渠工程已全部建成》
（《人民日报》1969年7月9日第1版）

多困难面前，敢不敢挑这样重的担子？这是对林县人民的一个严重考验，更是对林县县委的一个严重考验。

林县县委不愧为全县人民的马克思列宁主义的领导核心，主动地、清醒地接受了这个严重的考验。林县县委知道，引漳入林，这是林县人民的迫切要求；实地勘察的结果表明，虽然工程十分艰险，但是完全可能作到。林县县委懂得，举办大多数群众迫切要求的事情，就一定能够得到他们的拥护；充分依靠群众的力量来办这些事情，就一定能够办成。正是这种对社会主义和共产主义事业的无限忠诚，对人民利益的高度关怀，使得林县县委敢于不顾一些人的责难和反对，毅然决然地在最困难的时候挑起了这副重担子，把改造自然的斗争坚持到底。

彻底为人民的思想，同高度相信人民群众创造力的观点是一致的。林县县委并没有低估修建这条渠道的困难。但是，他们坚信，只要把群众充分发动起来，使全县群众都懂得为谁修渠，为什么修渠，同心协力，艰苦奋斗，再大的困难也能克服。林县县委一贯重视抓阶级斗争，重视做人的工作，重视安排群众的生活。几年来，红旗渠工地干部和民工一直坚持学习毛泽东同志的著作，一直坚持推行干部参加劳动的制度。干部真正同民工打成一片，干部、群众真正拧成了一股绳。哪里的工程最困难、最危险，工地指挥部的负责干部就到哪里带头参加劳动。有关民工生活上的一切问题，只要能够解决的，都用最负责的精神及时解决。红旗渠是林县人民在我们党领导下，在太行山上精心建造的一条人工天河。在这里，我们再一次看到人的因素第一的作用。

修建红旗渠这样的伟大工程，国家在可能范围内给予有力的支援；平顺县的党组织和广大人民，从各方面给予必要的赞助。我们国家的社会主义制度优越性，在这里充分表现出来。当然，在这个伟大工程中，英雄的林县人民起着决定的作用。他们高举毛泽东思想伟大红旗，积极地、坚定地执行党的社会主义建设总路线，终于克服了重重困难，取得多快好省地建成红旗渠的伟大胜利。

用什么态度对待社会主义经济建设，是突出政治，充分发挥人的作用，还是忽视政治，突出物的作用和技术的作用？林县人民用最有力的实践作了回答。全国每个地方、每个单位，如果都能像林县人民那样，敢于斗争，善于斗争，突出政治，充分发挥人民群众的积极性和创造性，我们国家的面貌必然能够更快地改变。

我们祝贺林县人民在这场改天换地的斗争中取得伟大的胜利，预祝他们在继续完成红旗渠的配套工程，在继续改造林县河山的面貌，在建设社会主义新山区的斗争中，取得新的更加伟大的胜利！

人民日报社论

（《人民日报》1966年4月21日第2版）

发扬大寨精神　夺取农业丰收

夺取农业生产战线的新胜利靠什么？有人说："只要风调雨顺，就能丰收。"这是一种奴隶主义的思想。

诚然，在目前条件下，人们还不能完全有效地控制大自然，农业生产在一定程度上还要受到天时气候的影响，受到旱、涝、风、霜、虫等自然灾害的袭击。但是，在我们无产阶级专政的国家里，夺取农业丰收的决定因素是人，而不是天时气候。伟大领袖毛主席教导我们："世间一切事物中，人是第一个可宝贵的。在共产党领导下，只要有了人，什么人间奇迹也可以造出来。"用毛泽东思想武装起来的人，有改天换地的无穷智慧和力量。特别是经过无产阶级文化大革命锤炼的贫下中农，比任何时候都精神振奋，斗志昂扬，意气风发。这是夺取农业新丰收的决定因素。

对大自然给带来的困难抱什么态度？是敢字当头，迎上去，战胜它；还是怕字当头，退下来，束手无策？这是两种对立的世界观。两种态度，两种结果。被困难吓倒，听凭大自然的摆布，其结果只能使灾害发展，造成更大的损失。顶天立地，挺直腰杆，迎着困难前进，坚决向自然灾害作斗争，必然使灾害大大减轻，从而把灾害这个坏事变成促进生产发展的好事。

我县兴建的以红旗渠为主体的二千九百华里水利配套工程，是从哪里来的？是广大贫下中农发扬大无畏革命精神，同阶级敌人斗出来的，同大自然斗出来的。林县原来是个十年九旱的穷地方。解放前，水浇地面积寥寥无几，百分之七十的村庄连吃水都成问题，一遇旱年，不少人拉着一家老小外出逃荒。解放后，在毛主席、共产党的领导下，贫下中农不安于做大自然的奴隶，向严重的旱灾展开了斗争，一连斗了十年，斗出了一个红旗渠，引进了漳河水，重新安排了山河，使林县成为"渠道绕山头，清水到处流，旱涝都不怕，年年保丰收"的富饶山区。如果靠天老爷发慈悲，靠风调雨顺，这样艰巨的工

——《一颗红心两只手　自力更生绘新图——河南省林县人民学大寨重新安排河山夺取粮食丰产》（《人民日报》1970年9月7日第2版）

程怎么会建造出来呢？又怎么会摆脱大自然束缚而夺取连年丰收呢？

我县的采桑公社土门大队，一九六九年受到前所未有的严重自然灾害，贫下中农在困难面前没有退缩，以大寨贫下中农为榜样，展开了英勇的斗争。六月，天旱，他们靠两个铁肩膀，一担水一担水地挑，抗旱点种，保证了适时下种。八月，一场狂风冰雹，几百亩农作物遭到洗劫，他们苦干加巧干，把倒伏的秋苗一棵一棵地扶起来，培上土，保证了秋苗的旺盛生长。九月，又发生了严重虫灾，他们发动群众，昼夜不停，人力捕

捉，喷打药剂。土门大队就是这样充分发挥人的因素，战胜了接连的大灾害，夺取了亩产五百六十五斤的好收成，比一九六八年还提高两成。

事实告诉我们，人，在自然灾害面前，并不是无能为力的。用毛泽东思想武装起来的人民群众，一不怕苦，二不怕死，是战天的英雄，斗地的好汉。

毛主席教导我们："社会主义制度的建立给我们开辟了一条到达理想境界的道路，而理想境界的实现还要靠我们的辛勤劳动。""一切不经过自己艰苦奋斗、流血流汗，而依靠意外便利、侥幸取胜的心理，必须扫除干净。"同大自然斗争，就是要靠艰苦奋斗，靠不怕流血流汗的革命精神。有了这种革命精神，就无坚不摧，无往不胜。如果没有这种革命精神，即使"风调雨顺"，不充分发挥人的积极因素，不经过主观努力，夺取丰收也是一句空话。我们应该牢牢记住毛主席这一伟大教导，不要幻想意外便利，侥幸取胜。农业丰收，只能靠艰苦奋斗，辛勤劳动，同大自然顽强斗争去夺取。

也有人说："只要国家供应充足的化肥、机械，农业生产就能丰收。"这是一种两手向上、单纯依赖国家支援的思想。在这些同志看来，夺丰收的诀窍就是：手伸得长长的，机械样样有，化肥足足的，就可以垂手而得丰收。

果真如此吗？不！机械多、化肥足，是夺得丰收的一个重要条件。但是，如果没有革命化的人去操纵机器，去科学施肥，机械多，化肥足，也不能发挥作用，甚至会变成坏事。不是经常有这样一些情况吗？有的生产队耕作机器一台台，但风来受袭，雨来受淋，台台是缺胳膊短腿，到用的时候形成机械等人修配，人等机器耕地，等来等去，错过农时。相反，有些生产队缺机器、少化肥，他们却依靠自己的力量，奋发图强，征服了困难，创造了奇迹。我县泽下公社七峪大队，山高土薄石头多，文化大革命前一直是个缺粮队。经过无产阶级文化大革命，毛泽东思想武装了贫下中农，在改天换地斗争中，不伸手向国家要机器，不多向国家要化肥，一切放在自己力量的基点上，硬是一镢一钎一镢一锹，在石头上挖了三条长达二十四华里的渠道，筑了三个容水八万方的水库，

——《林县继续发扬自力更生艰苦奋斗精神》
（《人民日报》1972年12月17日第1版）

扩大了水浇地面积，同时，大搞养猪积肥活动，很快地改变了山区的自然面貌。一九六六年以来，七峪大队年年夺得丰收。三年间，他们向国家交售余粮八万斤，还积累了集体储备粮，成为全县农业学大寨的一面红旗。这个事实，对那些只会向上伸手的人应该是一个很好的教育。

伟大领袖毛主席教导我们："我们的方针要放在什么基点上？放在自己力量的基点上，叫做自力更生。"衣来伸手，饭来张口，是资产阶级的世界观。两手向上，那还有什么革命精神呢？伸手，越伸人越懒，越伸志

越短。如果全国每一个公社、生产队都伸出两手，向国家要机械、要化肥，那么，社会主义建设就会被拖得放慢速度。

当然，我们并不否认国家支援。没有现代化的工业，就没有现代化的农业。对于发展农业生产，我们国家从来都给予极大支援。但是，决不能因此就两手向上，单纯依赖国家，更不能认为"只要国家供应充足的化肥、机械，就能丰收"。

我们的结论只有一个：奋发图强学大寨，夺取农业生产新胜利。

河南省林县工农兵写作小组

（《人民日报》1970年6月4日第4版）

红旗渠畔红旗飘

红旗渠，灌溉着林县的山田；

红旗渠，激励着林县人民勇往直前！

河南省林县人民，经过激烈的两条路线斗争的锻炼，更加意气风发，斗志昂扬。几年来，他们在毛主席革命路线指引下，发扬修建红旗渠的那种自力更生，艰苦奋斗的革命精神，以豪迈的气概，从多方面重新安排林县河山。

斗志昂扬闯新路

红旗渠建成通水，解决了五十六万人民群众和三万多头牲畜的吃水问题，使水浇地面积由解放初期的一万多亩扩大到六十万亩。随着水浇地面积的不断扩大，改良土壤就成为农业增产的新课题，于是，林县人民斗志昂扬地又向新的生产领域进军了。全县农业学大寨的先进单位——小店公社元家庄大队，走在深翻改土运动的最前面。

这个大队的一千来亩耕地分布在五道岗、四条沟上，地块大大小小、崎岖不平，三寸深的活土层下边，都是红夹板土和裂礓石。一遇干旱，地裂苗枯，颗粒不收。为了充分发挥红旗渠的灌溉效益，一九六八年以来，大队狠抓深翻改土工作。大队党支部书记赵德义率领专业队，坚持常年战斗，决心把坡岗地变成大寨田。土薄石硬，镢头、铁锨、钢钎都用上了，一个人一天还翻不到二厘地。不少社员，手上磨起了泡，虎口震出了血，

——《红旗渠畔》
（《人民日报》1973年12月9日第3版）

但从不叫苦。他们豪迈地说："只要拿出修建红旗渠的劲头来，就能斗山山低头，斗地地变样。经过几年奋战，倒运土石七万八千多方，使全大队的近千亩耕地得到了平整深翻，有效灌溉面积达到百分之九十以上，粮食产量大幅度增长，一九七二年亩产达到九百九十多斤。在元家庄大队的带动下，全县迅速掀起了深翻改土的高潮。目前，已深翻改土三十多万亩，建大寨田二十多万亩。

生产上的新路是无止境的。过去，由于干旱缺水，只能种一些耐旱低产作物。现在，有了水，农作物的品种也来了一个大改革。几年来，林县人民不断地在这条道路上探索着，他们对小麦、玉米、水稻、棉花、红薯等农作物的四百多个品种进行了研究，并引进了一批优良品种，使主要农作物基本实现了良种化，高产作物面积逐年扩大。

宽垄稀植是林县的老习惯。红旗渠的建成，引起了耕作习惯的变革，打破了这个框框。全县由五千多名农民技术员带头，开展了群众性的科学实验活动。他们实行合理密植，间作套种，扩大复种指数。全县的间作套种面积由过去的十六万亩逐步扩大到六十万亩。临淇公社南园大队，每人平均不到六分地，他们实行科学种田，进行间作套种，粮食产量不断提高，全大队一九七二年亩产达到一千零六十斤。

农业"八字宪法"的贯彻执行，科学种田活动的开展，使粮食产量连续七年跨过《纲要》；平均亩产由红旗渠通水前一九六五年的三百二十九斤，去年提高到五百斤；全县的集体储备粮达八千多万斤。

敢教荒山披绿装

一九六六年红旗渠干渠建成通水，为绿化荒山实现大地园林化，开辟了广阔前景。

过去西山脚下，大片山坡都是光秃秃的。红旗渠水流过来了，山坡面貌发生了变化。现在，一条七、八十里长，三、五里宽的大林带郁郁葱葱。合涧公社北小庄大队植树造林的战斗历程，是这个林带形成的缩影。

北小庄大队，坡多地少，土薄石厚。过去，全队十二个自然村中只有一眼活水井。解放后，党支部带领群众，掀起四次造林高潮，都因为缺水，成材甚少。红旗渠水的到来，鼓舞这个大队掀起了第五次造林高潮。隆冬腊月，滴水成冰。改造荒山的工地上，热气腾腾。数百名社员发扬当年"一把铁锤一把钎，手牵漳河到林县"的革命精神，掀掉乱石，换上黄土，劳动一冬，挖成四万个一米见方的树坑。到一九六九年春天，他们栽了苹果、花椒、刺槐和杂木各万株。植树成活率由过去的百分之十几提高到百分之九十五以上。几年来，他们用挖出的乱石垒成了石岸二百四十八条，把原来光秃秃的荒山，建成了林木层层的梯田，昔日荒凉贫瘠的北小庄，变成了林茂粮丰的好地方。

红旗渠的修建，激发了东姚公社冯举沟大队社员绿化荒山的革命热情。一九六三年春天，这个大队的年轻人投入了红旗渠的建设，在家里的老年人再也坐不住了。他们向党支部提出：坚决绿化卖柴岭，年老也要有贡献！十二位老贫农，靠着"一双铁手掌，两个铁肩膀"，不分风雨阴晴，常年坚持劳动。十年来，筑起大小石坝五百多条，栽树十三万多棵，有的已经成林挂果，为集体增加收入两万二千多元。

在这些先进单位的带动下，一座座荒山披上了绿装。到一九七二年，荒坡绿化三十二万亩，河滩造林一万八千亩，四旁植树三千多万株，全县四百多个大队，都有了果园。

自力更生建电站

太行山，沟壑纵横，在红旗渠的流程中，形成了无数个自然落差。这些大小落差，给林县人民带来了水力发电的良好条件。

一九六六年夏天，在欢庆红旗渠通水的大喜日子里，林县人民在红旗渠二干渠跨越的凤凰台上，开始了修建发电三千多千瓦的红旗发电站。搞水电，对林县人民来说，又是一件新事物。但他们坚信：靠毛泽东思想的指引，靠自力更生、艰苦奋斗的革命精神，"泥腿子"一定能降服"电老虎"！

建立这座电站的关键工程，是两根长一百零五米、内径一米二的钢制进水管道。没有管道怎么办？工地上的石匠、泥水匠，凭着修建红旗渠的实践经验，用本县生产的水泥，制成了两根巨大的钢筋混凝土管道，代替了钢制的管道。电站装配的两台机组，缺少设备，参加施工的技术人员和干部、贫下中农一起研究，一件一件地制了出来。红旗电站终于在一九六八年五月正式投入生产。

红旗发电站建成后，红旗渠下游的小店公社西油村发电站又上马了！社员们说：有人民公社集体力量，太行山上有的是石头，自己动手能办电！他们自烧石灰砖

——《红旗渠畔的"夜明珠"——记林县大办小水电的事迹》
（《人民日报》1974年5月29日第4版）

瓦，自制各种设备器材。经过一个多月的奋战，一座小型发电站建成了。

只有十六户人家的合涧公社柳河水大队合峪沟生产队，在高达一千二百米的太行之巅，利用小股泉水自办电站的事迹，成为人们传颂的佳话。一座六点三千瓦的水电站在悬崖陡壁上建成了，明晃晃的电灯照亮了小小的山村。

一座座发电站的建成投产，恰似战鼓催人。城关公社在红旗渠一干渠的第十二支渠上，规划了二十二座小型电站。仅一年多时间，就有九个大

——《红旗渠畔丰收图——夏收时节访林县》
（《人民日报》1974年6月22日第4版）

队建成了十座，总发电量达四百千瓦。

水力发电站的迅速发展，给林县带来了深刻的变化。全县水力发电站已发展到四十座，发电五千八百多千瓦，用电的大队有三百九十多个。电力促进了县、社工业的发展，使四百八十多个电灌站和机井群有了动力。同时，大大减轻了群众的劳动强度，节省了人力和畜力。河顺公社西曲阳大队，有了电以后，仅米面加工，一年就节省许多劳力。

自力更生改变了一穷二白，艰苦奋斗迎来了万紫千红。林县人民满怀胜利豪情，伴随着开山炸石的隆隆炮声，大踏步地跨进了一九七三年，开始了新的战斗！

人民日报通讯员　人民日报记者

（《人民日报》1973年1月28日第2版）

第二章

精神引领　奋力建设富美林州

红旗渠畔新天地

——太行山区林县访问记

金秋季节，我们去红旗渠的故乡——河南省林县访问。

扑入眼帘的红旗渠，像天河，似巨龙，悬挂陡壁山腰，盘绕太行，奔腾向前。林县人民靠一锤一钎劈山导河的艰苦奋斗精神，不禁令人肃然起敬。而当我们驱车百里山川，步入山村院户，所见所闻，更使我们欣喜不已：农村改革似春风化雨，焕发起林县人民的聪明才智。他们正以新的姿态，开拓山区商品生产的新天地……

十万工匠出太行

据林县县志记载："明洪武二十六年，营建庙宇，集天下之匠于京，曾有林县工匠应征。"有人考证，西安的大雁塔、北京的颐和园，都有林县的工匠参加修建。林县人多地少，山多石多，自古有工匠外出的传统。可在小农经济的千年岁月，那只不过是"一把瓦刀两只手，冬闲外出补补口"，俗称"匠人钱，过个年。"就这么一点点营生，在"农业学大寨"的日子里，也当作"资本主义的路"，被几乎堵死了。

十一届三中全会后，党的富民政策，使林县建筑业起死回生，迅猛发展起来。1980年，全县外出的木、泥、瓦工达五万人。近三年，每年外出建筑队两千多个，建筑工十万多人。去年，全县的外出劳务净收入一亿七千多万元，占全县工农业和乡镇企业总产值的20%多。建筑业成为林县经济建设的一大支柱。北到京、津等大城市和黑龙江省的黑河，南到广东的珠海特区，西至太原、西安和新疆的喀什，全国十九个省（市）、六十五个地区，都有林县建筑工匠的足迹。

传统的"瓦刀补口"营生，短短几年怎样成为十万大军的支柱产业？

带着这个问题，我们专程走访了采桑乡。乡建筑公司副经理刘生宝，一个精明的庄稼汉，以他特有的风趣对我们说："天不灵，地不灵，一个'活'字显神通。党推动农村经济搞活，俺发挥优势，放开手脚发展建筑业，来了个思想、技术、设备三突破。"他们打破了"冬闲外出补补口"的小农经济观念，把兴办外出建筑业当作本地发展商品经济和农民致富的突破口。经过六七年的努力，全乡二十八个村，已发展起一百七十八个建筑队，全乡一万八千劳力中，有一万一千人外出作建筑工。他们先后选送一百三十多名农民到建筑院校求学，购买三千八百多册专业书籍供大家学习。近几年，随着企业的发展，他们逐步添置了价值三百多万元的机械和设备。采桑乡的建筑队伍，已初步成为一支技术力量较强，施工设备齐全的建筑业新军。如今，他们不仅能够建三五层的住宅楼，而且能够建工艺复杂的剧场、宾馆，能承担古园林建筑和工业建筑工程。不仅能够"只包工、不包料"，而且能够"包工、包料、包设计"，全面承担起整个工程。能够同时几处施工，实行科学管理、交叉施工、流水作业。前年，采桑乡各建筑队有四十二项工程获全优，去年增加到八十五项，占完成项目总数的三分之一。天津大学要建造一幢七层高、两万多平方米的实验楼，天津市的三个国营建筑公司以及外省、市的十二家建筑队投标竞争，采桑乡第一乡直建筑队以三百二十万元中标。因为这支建筑队，以队伍素质好、劳动纪律好、工程质量高、进度快，赢得了用户们的信誉。

建设工地是个大学校。山区农民在投身现代化的建设中，也在加速着自身现代化的步伐。走在前面的是一批有一定文化程度的中、青年农民，他们活跃在各建筑工地。二十八岁的王海发是其中的一个。十年前，他高中毕业，在家务农。之后，他走出深山，随采桑建筑队奔赴天津市建筑工地。他干活不惜力气，发奋学习，刻苦钻研，坚持自学完清华大学建筑系函授课程。他当过材料员、核算员和施工技术员，被提升为助理工程师。现在，被聘请为河南省建筑联营公司（采桑建筑队参加联营）第一工程处的负责人，正在天津工地，全面负责和指挥两个以数百万元计的大工程的施工建设。

采桑乡建筑业的蓬勃兴起，正是林县建筑业突飞猛进的一个缩影。

十万工匠出太行，还为林县带回了资金、信息、技术三件"宝"，有力地推动了全县多种经营和乡、村企业的发展。城关乡运用外出建筑业提供的信息和资金，四年来共建了四十多个生产水泥预制件、水磨石、大理石、暖气片的企业，既为外出建筑队提供了充足的原料，也活跃了本地的商品生产。去年，城关乡仅建材业产值即达两千多万元，全乡乡镇企业总产值突破一亿元，今年的头八个月已实现产值七千一百万元。合涧乡的上庄村，利用建筑业开辟的财源，把经济搞活了，村里办起了文化站，家家用上了自来水。农民高兴的说："过上好时光，瓦刀帮大忙。"

从绿色看到希望

参观过红旗渠的咽喉工程——青年洞，向着石板岩乡方向走去。一入南谷洞峡谷，我们立刻为之陶醉。左顾右盼，秋林如画，秋山滴翠，清风吹动绿叶，闪露出红玛瑙般的山楂果。看那太行山由低到高，浓绿淡青，雄伟、苍劲的大山增添了几多秀色。看来，只要切切实实下功夫搞好绿化，"黄龙"太行变"绿龙"的日子定会早日到来。或许是同行的林县同志看出我们对眼前青山秀色的惊喜，他，当年兴建红旗渠的工地指挥之一刘银良同志，不胜感慨地说："山有林则秀，水有树方青。七十年代初，红旗渠一建成，县委就提出过以渠带林、以渠带电、以渠带工的规划。偏偏在'农业学大寨'中来了个一刀切，迫使我们抛开二百万亩山，一头偏在八十万亩耕地里苦折腾，丢掉了山，也就丢掉了林县的优势。极'左'路线害得林县好苦啊！"1982年，我县重新确立了以林为主的方针。五年间，绿化荒山八十万亩，农田林网六十多万亩，一百七十四万亩宜林荒山，基本上控制了水土流失，像眼前这般葱绿的山，全县约有二十多万亩。"

棋梧村，坐落在太行山东麓的丘陵坡梁上。传说明朝初年，汤阴县城棋后街一户姓张的人家避乱来到这里，看到一棵梧桐树，就此定居。为使后代不忘故里和纪念新居，定名"棋梧"。在旧年月，农家院落里栽一两棵梧桐，只不过是为老人寿木作准备。而今棋梧，山头松柏护顶，山腰桐树等用材林环绕，山沟地里，苹果、山楂挂满枝头。看来，当地农民发展林业，既着眼于经济效益，也开始注意到生态效益了。棋梧村所在乡的领导同志告诉我们，这个村靠林业育苗，一年收入万元以上的有六十多户。我们去看望了育苗专业户杨秋来。

这是一个典型的老式农家。土石结构的旧房，干垒的石灶棚。年过七十、身体硬朗的杨老汉把我们让进屋里。迎面墙上，贴满前些年杨老汉被评为"大寨式社员"的奖状。老汉指着奖状说："快别看这些老皇历了，'学大寨'那些年，我从天明到天黑在地里受（苦），一年挣工三百六十；儿子被安排当赤脚医生，一年挣三百工；儿媳妇、闺女两人合做三百个工。好年头，一个工六毛钱，满打满算共得六七百元。去年，我试着养了二亩杨树苗、一亩二分山楂苗，已收现金三千元，树苗全卖出，差不离要收两万元。眼下，孩子们正商量着，要把这房子改成两层楼哩！今非昔比，俺山里人的生活有盼头了！"说完，老汉舒心地笑了。

离开棋梧村的路上，巧遇村党支部书记张俊昌。他骑车从县里带回一大捆山楂苗。寥寥数语，他为我们勾画出棋梧村的发展蓝图。如今，全村八千亩荒山已基本绿化，人均有树六百多棵。这两年重点发展了经济林，人均拥有一百棵山楂、十棵苹果树，明年将建成果品加工厂。五年后，全村人均收入可达二千元。

棋梧村所在地——元康乡，是林业经济效益比较好的一个乡。乡党委书记李顺吉同志向我们介绍了两条切身体会：一是真正落实以林为主的方针，确非一件易事。必须切实处理好三个关系，即粮、林关系，长远利益和近期利益关系，林产品与深加工的关系。一是因地制宜地造好经营好经济林和搞好林产品的深加工，是发展林业商品生产的关键环节。

1978年，元康乡只有两个果品加工厂，当时全乡社会总产值仅有五百多万元。近四年来，他们重视变资源优势为商品生产优势，到去年，全乡三十六村，办起了九十多个规模不等的果品加工厂，林产品加工产值猛增到三千多万元。他们又进一步围绕果品加工，发展系列化生产，先后建起了罐头瓶、瓶盖、胶圈、包装箱、打包带、泡花碱、商标印刷等二十八个系列化生产厂，做到了多层次增值，又增产值七百多万元。一户农民专门制作罐头瓶的密封胶圈，一年收入五万元。

跑了大半个林县，我们在山区林乡具体地看到：以商品生产的方式发展果林，林业致富靠得住。商品生产的发展正日益开拓着农民的眼界和胸怀，诱发出农民自身的巨大创造力。坚定不移地因地制宜、因人制宜地发展商品生产，山区农民致富大有希望。

姚力文　郝建生

（《人民日报》1986年10月6日第2版）

红旗渠精神在林县

60年代，河南林县人民创建了举世闻名的红旗渠，也造就出可贵的红旗渠精神，这就是：自力更生，艰苦创业。

多年来，红旗渠精神一直鼓舞着林县人治山治水。从1987年起，针对水资源等客观情况的变化，全县转入以大搞蓄水、节水工程为主的水利建设。总投资4400万元，维修、硬化渠道1110公里。维修、修建水库、池塘159座，打旱井5万眼，改善灌溉面积10余万亩。1989年的粮食总产量比1985年增加0.55亿公斤。

各级都在算水账

经过10年奋战，当红旗渠水汩汩流入54万亩干裂的土地的时候，林县人民着实松过一口气，觉得水的问题基本解决了，因为不但灌区的人畜吃水有了保证，而且2/3的耕地得到了灌溉。但不久他们发现，水的问题不容乐观。红旗渠源在山西境内的漳河上，由于气候变化、上游引水工程增加等原因，来水量逐年减少，到了1984年，红旗渠保灌面积衰减到20多万亩，并仍呈下降趋势。

水源危机，使林县人认识到，单靠一条红旗渠不行，放松水利建设不行。立足有限水源，县委确定了以蓄水、节水工程为主，充分开发利用一切水源的水利建设方针。

围绕这个治水方针，县、乡、村各级都算了两笔账：一是保证人畜吃水、土地灌溉的需水账；二是现有水源账。这一算，算出了差距，也算出了奋斗目标。全县支、斗、毛渠总长达4013公里，如果全部硬化，水的有效利用系数可以增加45%。现有中小水库、池塘621个，全部浆砌治漏，就可蓄水9767万立方米。如果再搞一批水库、池塘，有条件的乡村挖一些山泉、地下水源作补充，全县就可以达到人均占有旱涝保收田0.4亩。

以节水、蓄水工程为主的水利建设，在全县展开。535个行政村，村村有工程。技术性较强的活，组织专业队伍长年搞；挖方、备料的活，组织群众农闲季节突击搞。每年冬春，成千上万的劳力奋战在山山岭岭。许多地方再现了当年修建红旗渠时的动人情景。

因地制宜摆战场

经过修建红旗渠的磨练，林县人治山治水不外行。他们因地制宜，在百里太行山麓摆开了继红旗渠之后又一次大规模水利建设的战场。

在红旗渠灌区集中力量修建水库、硬化渠道。河顺镇57座小型水库，就有37座漏水，许多渠道渗漏严重。为了节省时间，干部群众吃在工地、住在工地。清理涵洞整天泡在泥浆里，活最苦又危险，镇里规定不让妇女参加，可妇女们找到镇委会："修建红旗渠妇女顶了半边天，今天俺们就变娇嫩了？"上万人的工地上，就有一半是妇女，她们和男的一样抡锤打钎、抬石挖泥。苦干两个冬春，这个镇扩建整修了36座水库，硬化了3万米渠道，扩大灌溉面积一万多亩。

1989年冬天，小店乡纸坊村在村头山坡上建水库。整个山包像一块石头，镐锹挖不动，可离村又近，不能放炮，他们就一锤一锹地挖，全村

1000口人，能出动的几乎都到工地上来了，一个月时间，终于在石头山上抠出了一个可容水4000立方米的小水库。

红旗渠水流不到，又无地下水源的深山区，群众采取打旱井、挖水窖的独特方法蓄水。临淇镇欠十步村坐落在崇山峻岭之中，他们提出的口号是：一亩梯田一眼旱井。每年寒冬，地里的其他活不能干了，正是打井的好季节。一家一户打，几户联合打。年近70的阎多房老汉，是当年修建红旗渠的老模范，孤身一人，大年初一，晚辈拜年不见人，原来他正在山上井筒子里忙呢。几年时间，他一个人就挖了6眼旱井，并把旱井看成山区最宝贵的财富，要把它留给子孙后代。全村人就用这种创业精神，在2200亩梯田上，打出了2250眼旱井，保证了每年春播和抗旱保苗用水。

数以万计的节水、蓄水工程遍布太行山川，其规模不亚于再建一条红旗渠。

还是要勒勒腰带

办水利需要投资，但林县地处山区，经济条件较差，有部分群众刚刚解决温饱问题，钱还不富余。

县委书记赵玉贤说："红旗渠是勒紧腰带干出来的，今天的条件虽然比当年好得多，但同样需要这种精神。县里向水利建设'倾斜'，钱就挤出来了。"几年来，他们努力压缩行政经费，压缩基建项目，千方百计增加农业投入。据统计，全县每年投入水利建设的资金都在1100万元以上。

合涧镇近几年水利工程搞得最多，规模最大，投资也最多，累计投资已超过110万元。这笔款全部是他们采取乡村企业出一点，乡财政拿一点，群众集一点凑起来的。资金紧张时，很多群众把准备盖新房、娶媳妇的钱垫出来。泽下乡一个叫高照峪的自然村，不少户把自行车、收录机等贵重点的东西卖了凑钱办提灌站。

有红旗渠精神鼓舞，有艰苦创业传统的人民群众，林县山河怎能不变！

常俊杰　元立平

（《人民日报》1990年1月9日第5版）

红旗渠再现青春

红旗渠水是河南林县生产、生活用水的主要来源，但从1980年起，它的水量呈逐年衰减趋势，枯水季几乎断流。针对这种局面，林县从山区实际情况出发，大办蓄水工程，经过数年努力，"救活"了红旗渠，也使山区走出了水源危机的困境。

目前，林县有中、小水库320多座，池塘500多个，旱井、水窖5万多眼，总计蓄水能力近4亿立方米，相当于红旗渠水源充足时全年引水量的1/3。这些工程，大都和红旗渠连在一起。丰水季把水贮存起来，旱季再通过渠道引出使用。去年秋天，天旱无雨，地里干土近半米深，红旗渠水少得可怜，但群众有水心不慌。麦播季节，库、塘、窖一齐打开，涓涓细流汇入田间，保证了30多万亩小麦适时足墒下种。实践使我们看到了蓄水工程的威力，进一步认准了解决山区水源问题的出路——蓄水。

事实上，在水源奇缺地区，不搞蓄水就无路可走。我们林县大部分村庄无地下水，也无山泉、河流。祖祖辈辈把头顶上的一块天，看成生存唯一水源。红旗渠建成后，才从山西引来的漳河水。但是，近年来由于气候变化、上游引水工程增加等，漳河水量下降。枯水季红旗渠的引水量减少了一半多。在这种情况下，如果不采取蓄水措施，不要说生产用水，就连人、畜吃水也难保证。

我国北方大部分地区虽然气候干旱，但每年都有降雨量集中的时期，这就给蓄水提供了条件。林县7、8、9三个月的降雨量平均在470毫米以上，占年降水量的70%。每到这个季节红旗渠源的漳河就水位陡涨，浊浪滔滔。但在这时田里又不需水。因此，就红旗渠引水量来说，全年算账水有余，集中用水季节水却不足，而把汛期流跑的水全部蓄起来，全年足用有余。

山区群众对蓄水工作并不陌生，他们在同大自然的抗争中，积累了不少经验，旱池、旱井就是传统的蓄水方法。只是由于蓄水量太小，作用也非常有限。要把汛期用不完的渠水、跑掉的山洪蓄起来，满足生产、生活的需要，非大规模地兴办水工程不可。

山区搞蓄水工程，有很多有利条件。深山区山高沟深，便于闸谷筑坝建水库；浅山区坑坑凹凹，可以依地势挖砌小水库、池塘；山坡上可以打旱井、水窖。我们以红旗渠为轴，对全县的蓄水工程作了统一规划。在县北、县中、县南的深山峡谷中，修建了三座总容量达7000万立方米的中型水库，拦蓄山洪。在红旗渠沿线的山坡丘陵地区建起数百个小型水库、池塘，有蓄水数十万立方米的，也有几千立方米的，一般用水泥、石头砌墙，渗漏很少。一些地方不宜建库挖池，就打旱井，挖水窖。这些不同形式的蓄水工程，如满天星斗散布在太行山麓，红旗渠像一条长藤把大部分工程串在一起，形成了一个能蓄能排的灌溉体系，红旗渠终于再现了青春。

当然，搞蓄水工程不是一件轻而易举的事情，不仅要有扎扎实实的苦干精神，还要有严肃认真的科学态度。总结几年来的蓄水工作，我们的经验是：因地制宜，合理规划，渠库配套，质量第一。只有这样，才能充分发挥工程的作用，收到事半功倍的效果。

赵玉贤

（《人民日报》1990年5月8日第5版）

渠上春秋

初见王师存，我一愣。

他身体瘦弱矮小，背有些弓，鬓发已斑白，说话缓缓的，笑起来也很淡漠，不见山里人的强悍。这就是当年修造举世闻名的人工天河——红旗渠的"钻洞能手"么？也许，只有他身后峰峦叠嶂的太行山和脚下逶迤穿行的红旗渠，还有他日夜相伴的曙光洞，才能道出这位花甲老人的渠上春秋。

时值4月仲春，渠畔草木葱郁，鸟啼声声。王师存仍穿着厚厚的老棉裤，两块大补丁贴在膝前。已过灌溉旺季，王师存落了渠道闸门，蹬上高筒胶靴，跳进渠中清淤。见他手脚挺利索，我赞叹老人身体还好，他指着膝盖说："腿有关节炎，带着护膝哩，病是钻曙光洞时落下的。"

提起曙光洞，王师存眼中闪出光采，嗓音亮了起来："打洞那时，住席棚、吃野菜，杏树叶子用开水一烫，也当饭吃。"话中带着一股豪气。为了凿通这条红旗渠上最长的隧洞，他冒着生命危险在洞中打眼放炮，还琢磨出了"连环炮"、"三角炮"等钻洞土法，说到其中技巧，他比比划划，如数家珍。为了加快工程进度，任施工连长的王师存，带领民工登上卢寨岭，沿渠线打出34口竖井，最深的竖井有62米，使工作面由两个扩大到70个。一个突然塌方，他和另一伙伴被堵在洞里，伙伴说："我们怕是活不成了。"他说："红旗渠修不成，咱不能死！"

曙光洞打了一年零四个月，王师存作为特等劳模载入修渠英雄的史册。"钻洞能手"的美名，当年声震天下。

转眼间，王师存已是62岁的老人，他仍坚守在红旗渠上。他是曙光洞管理段的段长，手下有两名年轻人，负责管护曙光洞的9公里明渠。草木枯荣，暑来寒往，他们从山上背来石头，煅成条石修渠补漏，还垒了2000多米防洪墙，他们自种苗圃，在渠畔植树4万多棵。到了汛期，日夜都得在渠上巡查。尤其晚上，山高风急，走在八寸宽的渠沿上，只能一步一步往前挪，稍有不慎就会跌下悬崖。一个暴雨倾盆的夏夜，曙光洞内发生塌方，得赶快进洞查明险情，王师存二话没说，就往洞里钻，谁也拦不住。两个年轻人怕出事，在洞上跟着王师存走，每过一口竖井，听到王师存在洞中答话才放心。王师存蹚着齐胸深的泥水，在洞里整整滚爬了7个小时，查清了险情。

曙光洞管理段负责为7个村近4万亩土地供水，因地处三干渠下游，用水时间靠后，每年一二月份是用水旺季。春节前，王师存打发两个年轻人回家，自己守在渠上。大年三十，儿子带着年饭到渠上看他，爷俩碰两盅，算是过了年。起风了，落雪了，儿子执意要和他一起巡渠，他边走边对儿子说："好不容易才用上这水，咱管不好，可不行。"

儿子何尝不理解父亲的一片心意，屈指算来，从1972年父亲来到这里，已有七八个除夕之夜是这么度过的。

……

清理了明渠，王师存又穿上肥大的橡胶水裤，拿上抓钩，打着手电，带着两个年轻人进洞清淤。洞内山石嶙峋，地面坑凹不平，一脚踏空，水便没了腰。突然，一条胳膊粗细的水蛇在微弱的手电光下口吐红芯，浮在水面，两个年轻人惊得直往后退，王师存却走上前，用抓钩将蛇挑到一边。他们把洞中的麦秆、豆秆、淤泥抓松，等开闸放水冲走。曙光洞全长

4000多米（高、宽各2米），一趟下来得四五个小时。王师存说："只要不用水，就进洞清淤，一年要有七八次。"我不解地问："进洞这活儿，让年轻人干不行吗？"王师存淡淡一笑："我年纪大，有经验，再说咱是共产党员……"

自60年代初林县人民修渠开始，王师存一刻也没有离开红旗渠，悠悠渠水载着他的春秋年华。我肃然起敬："你这么大年纪，当心累着呵！"王师存缓缓地说："习惯了。"说着，嘴角又露出一丝笑意，淡淡地……

鲍铁英

（《人民日报》1991年6月24日第8版）

红旗渠精神光耀中原

——林县艰苦创业"三部曲"

编者按： 60年代，林县修建红旗渠曾经名扬神州，他们艰苦创业的精神鼓舞了全国人民。而今，红旗渠的情况如何，林县又有什么变化？今天发表本报记者的这篇报道，可以回答人们关心的问题。林县红旗渠精神在发扬光大，他们依靠这种精神振兴山区经济，取得了丰硕的成果。他们在新的岁月里，把这种艰苦创业的民族精神和改革开放的时代精神融为一体，发展大农业，兴建乡镇企业，蹚出一条新的成功之路。从这一点上说，林县的经验对我国中西部地区贫困县的发展有可借鉴之处。

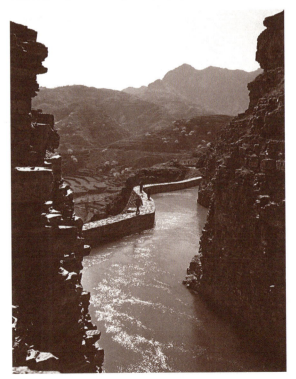

红旗渠总干渠　魏德忠/摄

20世纪60年代，河南省林县人民在太行山腰，创造了被誉为"世界第八大奇迹"的"人工天河"——红旗渠。从此，这方热土闻名于世。

要了解林县人，必先了解红旗渠

林县地处豫西北的太行山东麓，豫、晋、冀三省交界处。历史上，林县就是一个土薄石厚、七山二岭一分川，水源奇缺的贫困山区，人们世世代代饱受旱魔肆虐之苦。

翻开《林县县志》，近500年间，这里发生过100多次大旱。河干井涸，十室九空。

滔滔漳河，就从林县北部擦边而过。千百年来，林县人只能望河兴叹。

1959年10月，当时的县委书记杨贵和县委果断决定：拦腰截断漳河，劈开太行山，把水引到林县来。饱尝了缺水之苦的林县人民，以誓把山河重安排的斗志动员起来，实施"引漳入林"工程，用10年时间建成了"红旗渠"。

走进红旗渠分水闸上的陈列室，记者看到这样一段文字：在共和国最为困难的岁月——1960年，红旗渠上马了。在建设者们每人每天6两粮食的艰苦条件下，整整10个春秋，林县人民用汗水、血肉和100多条性命，投资1.25亿元（其中7878万元是林县人民勒紧裤腰带自己投入的），开挖土石2225万立方米，相当于修筑一条自广州到哈尔滨的高3米、宽2米的"万里长城"。

正是以这种自力更生、艰苦创业、团结协作、无私奉献的民族精神，林县人民在崇山峻岭的太行山腰，建成红旗渠，引来漳河水，结束了十年九旱的历史，使全县2/3的耕地得到灌溉，30万人口以及牲畜的饮水困难得到解决。据有关方面提供的数字表明，20多年来，红旗渠总引水量达70多亿立方米，灌溉农田累计增产粮食14亿公斤，发电3.6亿千瓦时。仅此，就创造了6亿元的经济收入，相当于总投资的5倍多。这一改善群众起码生存条件的工程，正是林县创业"三部曲"的第一乐章。

改革开放打开山门，十万大军走出太行

红旗渠的建设，铸造了林县人吃苦耐劳的创业精神，也为这个"工匠之乡"培养了大批能工巧匠。然而，直到1978年，全县农民人均纯收入仅97元。

党的十一届三中全会后，改革开放的春风吹进太行山，世代封闭的山门被打开了。那些在修造红旗渠时练就一手建筑本领的工匠们，短短几年就出去6万多人。

然而好景不长。当国家整顿建筑市场，进行资格审查时，昔日外出的施工队不得不打马回朝。借助建筑市场整顿的东风，林县县委、县政府决定，把重振建筑业作为加快改革开放、促使林县人民解放思想、更新观念的突破口。为此，县里加强了对建筑队的领导，健全了组织，明确了纪律，完善了手续。到1985年，林县的建筑队伍又浩浩荡荡开赴全国各地，逐步形成"十万大军出太行"的生动局面。

林县人凭着修红旗渠时培养的创业精神和一身本领，打了一个个漂亮仗，敲开一个个现代化都市大门。

那一年，太原市要在迎泽大道铺设400米长的地下电缆。要求工期20天，为不影响交通，必须夜间施工。当时正值寒冬，地还未解冻。市里找了4家大公司，都因工期短、难度大，不愿接受。

"这活俺林县建筑队干！"不怕苦的林县人抢个硬骨头来啃。他们冒着刺骨的寒风，挑灯苦战12个夜晚就交了差，工程验收为优良。

"林县的工匠到底是修过红旗渠的人！"太原人折服了。从此一路绿灯，2.4万名林县建筑匠人挺胸进了太原。

1991年底，北京决定打通西厢工程。市城建总公司决定，把建设4栋1.6万平方米住宅楼的任务，交给林县建筑队。当时林县工人都已回家准备过年。市城建总公司腊月二十三向林县发来求援电报。林县3天组织了450人的队伍，用大轿车直送北京。

林县建筑工人日夜苦干，三天一层楼，春节都没休息。按国家定额工期需要442天的工程，林县人仅用142天就交了工，实现质量、工期、安全"三个第一"。

质量好，工期短，造价低，安全可靠，敢打硬仗，使林县10万建筑大军在全国建筑市场享有很高的信誉。他们用自己的双手，在全国各地留下一个又一个勤劳和智慧的结晶。近些年首都新建的国际饭店、中国剧院、北京图书馆新馆等新的10大建筑中，林县建筑工人参加施工的就有8项。

修建红旗渠时当过施工队长、如今担任县建筑总公司总经理的郭顺兴介绍，林县建筑大军开拓的市场，北到黑河、南至海南岛、东到上海、西至乌鲁木齐，遍及全国24个省市区的247个大中小城市，还向也门、科威特、俄罗斯等国输出劳务。

换了脑子　走出路子　乡镇企业异军突起

"水利是农业的命脉"。红旗渠浇灌出来的林县，如今农林牧副全面发展。据了解，现在红旗渠的有效灌溉面积仍在30万亩以上，全县粮食平均亩产从通水前的164公斤，如今增加到近500公斤。在耕地减少10万亩的情况下，粮食总产仍翻了一番多。累计绿化荒山150多万亩，占宜林荒山80%以上，其中经济林发展到30多万亩，年林果产量达到5000多万公斤。去年全县农民人均纯收入792元，高于全国平均水平，高出河南省平均水平200多元。

无农不稳，无工不富。如何从传统农业县向工业县过渡，林县县委、县政府领导的头脑是清醒的。他们扬本地优势之长，把带领全县人民致富的着眼点，仍放在了外出打工的十多万建筑大军身上。

汹涌的开放大潮，给蛰伏在太行山里的林县人，发放了走向市场经济的通行证。走出山坳，他们发现，天是那样的大，地是那样的广，路是那样的宽。

乡镇企业的崛起，奏响林县创业"三部曲"的第三乐章。去年，全县乡镇企业总产值达29亿元，上交税金近亿元，在全省118个县中跃居第三位。且初步形成一些工业小区，工业走廊。

当10万大军在全国建筑市场刚稳住脚跟，县委、县政府就向施工队伍提出要求：每个施工队每年要给家乡发展乡镇企业，提供一条有价值的信息，推销一种本地产品，创办一个乡镇企业，并负有信息反馈、引进资金、技术和人才的使命。

接受城市现代文明熏陶的林县10万建筑大军，观念在变，脑筋在变，生活方式和思维方式也在变。有这样一组数字，很能说明林县10万建筑大军10年来对家乡发展所作的贡献：为全县带回纯劳务收入30多亿元，为县乡村三级交管理费3亿多元，上交税金2亿多元，为教育捐资1.5亿元，200多名施工队长和建筑工人回乡创办、领办了企业。他们为家乡推销产品和提供信息创造的价值，更是无法计算。

城关镇麒麟台村办药厂，就是靠施工队提供的信息创办起来的。修过红旗渠、当过施工队长的王林兴，当初办厂时，给分布在各地的施工队发信，得到可靠信息后，便与太原一家军队办的制药厂合作生产氟哌酸。如今，这个厂年产值达1200多万元。王林兴告诉记者，他已通过在吉林的林县建筑队牵线搭桥，正在与吉林中医中药研究院合作，再上几个中药新产品。

城郊乡上庄村，根据建筑队提供的信息，决定创建啤酒厂，并与北京五星啤酒厂联营，每生产一吨啤酒，付50元技术转让费。如今，这个泥腿子创办的啤酒厂，生产管理无可挑剔，产品畅销8个省，并出口朝鲜、俄罗斯等国家，产值税利已分别达到1700万元和460万元。今年4月，北京五星啤酒厂40多家联营厂汇集上庄，学习他们的管理经验。

前不久，省委书记李长春到林县调查后，在谈到13万建筑大军出太行对林县发展所起的作用时，精辟地概括为：饱了肚子，挣了票子，换了脑子，有了点子，走出路子，实现"五子登科"。

林县10万建筑大军走出太行、回乡办厂，带给林县的不仅是乡镇企业异军突起，而且促进了经济全面发展。去年，全县财政收入5926.3万元，位居全省先进行列；全县城乡居民储蓄存款余额达22.4亿元，雄踞全省第一；综合发展水平跃居河南省第14位，比1990年上升了30位。

红旗渠水仍在日夜奔流，继续为林县人民造福。县委书记毛万春接受记者采访时说，从80年代开始，红旗渠的水量呈逐渐衰减之势，使林县人民再次产生了缺水的危机感。县委、县政府总结经验教训，改变治水方针，把"以引为主"改为"以蓄为主"，实行引、蓄、节、挖并举。他们没有向国家伸手，先后筹资6000多万元，在红旗渠沿线的山坡丘陵地区，建起数百个小型水库、池塘。在一些不宜建库挖池的地方，打机井、挖水窖。如今，不同形式的蓄水工程，如满天星斗散布在太行山麓。红旗渠把一个个工程串连在一起，形成了能引、能蓄、能排的灌溉体系，使红旗渠再现青春，再度辉煌。

人民日报记者　李　杰

（《人民日报》1993年7月8日第1版）

唱一曲艰辛而欢快的乡村之歌

——林县人民创业新赞

豫北山区。

太行山南端的林虑山下，腾起一片动人心弦的欢声……

你听，你听，那是什么样的声音？

那里是红旗渠的故乡。

那里是林县。

从那里传来了林县98万人民阔步向前的脚音！

——题记

历史审视：一条流水镌刻的丰碑

人间正道是沧桑。

中国，在漫长道路上历经苦难的沉沦、自强的抗争、迷途的求索、全民的奋起，终于带着创业的辉煌，阔步跨进了二十世纪最后十年的门槛……

世人在惊愕里沉思。

历史也被深深地激动了。

历史，这个冷峻而热忱的老人，这个雄踞于苍天之上，一刻也不会忘记用无尽的困苦、磨难、荣誉和果实的温馨去抚爱大地的老人，竟肃然起敬了。他睁大双眼，全神注视着今日的东方之邦。他看到了什么？此刻，当他把目光凝定在豫北山区一个叫林县的地方的时候，他被那里的景观怔住了。在老人睿智明澈的目光里，诞生于20世纪60年代、蜿蜒于东方腹地太行山悬崖绝壁之上、跨越1250座山头、长达1500公里的人造长河红旗渠，无疑是一座长存于世的永恒丰碑。那用人世间最赤热的血汗和生命镌刻着的碑记，永远铭记着林县人民告别贫穷困苦战取繁荣幸福的长旅中精神与物质发展的一段最辉煌的时光。刻进大地的都是爱。写进流水的都是诗。无论艳阳满天，无论风雨如晦，那流泻千里的滔滔红旗渠水永远奔涌着中华民族性灵中那些最高尚的情愫：坚强、刚毅、同苦难抗争、对幸福向往、脚踏实地的思考、不屈不挠的行动……这是一些具有永恒品格的情愫，那强大无比的威力、光芒四射的生机，是任何时尚的风情都不能湮灭的。正是在时间的长河中，奔腾不息的红旗渠水永不疲惫地奋进着，越过漫长岁月上一座座悬崖绝壁一条条沟壑纵横一道道层峦叠嶂，然后走马平川，汇入了今日浩瀚的大海，击扬起时代激越的风涛。历史老人看见，被红旗渠水浇灌着的林县大地，如今又有了另一番更新更美的风景了……

起步辉煌：瓦刀和脚手架的诗篇

林县县志曾记下这样一幕悲剧：任村镇桑耳庄一户农民，大年三十，老汉到8里地外去挑水，天黑了才回来。刚过门的儿媳妇去接公公，一不小心，绊倒在地，两桶水一倾而尽，儿媳妇又气又急，除夕之夜悬梁自尽。大年初一，全家只得掩埋了儿媳妇，背井离乡逃水荒去了……

这是久远以前林县人民生存环境的写照。红旗渠的修建，是林县人民生存能量的一次集中释放，显示了蕴藏在人们心底为自己幸福而奋斗的决心。自此，水源奇缺、世代饱受旱魔肆虐之苦的林县大地结束了水荒的悲剧。生存的条件改善了。干渴的土地滋润起来了。然而传统的农业经济和失常的政治运作所构筑的思想与政策的封闭远胜于大山的封锁，无论怎样费尽心力，都无法把数千年来盘踞在中国农村的贫穷之苦扫出农家之门。人们发展经济的积极性，只能在有限的空间带着镣铐跳舞。直到1978年，全县农民人均收入仅97元。不少村子种一葫芦打两瓢，穷得叮当响。有一年，有个生产队分大米，因为米少人多，无法用秤称，只好用火柴盒量。有了红旗渠水的土地，仍然盼望着一种更辉煌的历史性洗礼……

所幸的是，这个历史性洗礼，随着党的发展商品经济理论的确立，到来了。

告别70年代，中国的太阳终于超越十年浩劫，在一个新世纪的天空再度辉煌。商品家族，这个曾被无端禁锢着的奇异精灵，飞出了牢笼，越来越红火地穿梭于神州大地，把生命最有力的诱惑撒遍长期被贫穷困扰的城市和乡村：

"驾驭我的翅膀起飞吧，人们！"

在林县，在这个重重山峦围困却又有着出山打工传统的地方，最先听懂并且坚信商品家族的呼唤的，是那些身怀技艺的能人们。希望的火苗在他们心头熊熊燃烧，一下子蹿得老高：

"咱进城耍手艺去，准能挣钱！"有人提议。

"那行吗？可别记吃不记打，忘了割'尾巴'的疼痛！"

议论声中，小菜园村的党支部书记元买山倏地站了起来，"我看行。"他扳着指头说得很动情："头一条，工匠手艺是林县人祖传的看家本领，不说先辈怎样修京城的颐和园、西安的大雁塔，单讲50年代北京的十大建筑，哪座没有林县人砌的砖瓦？第二条，修了十年红旗渠，上了十年建筑大学校，咱个个练就一身好本领。第三条，外出搞建筑是无本生意，叫花子也能干。不是讲从实际出发吗？这就是咱的实际。如果政策变了，我是党员，又是书记，坐牢砍头，我来顶着！"

"哗——哗——"掌声一扫人们脸上疑惑的阴云。

"好呀，你来带队！"

长年被挤压在大山石缝里的创造力就这样集合了起来。

憧憬着明天的队伍就从这里出发：

小菜园的建筑队奔太原去了。

临淇镇的工匠闯北京去了。

南峪村一下子向东北发出6路施工人马……

真是山路铺道，城门洞开，市场搭台。

然而，刚刚从高粱地里走了出来手中提着铺盖卷鞋上沾满黄泥的乡下人，要在一个个被骄矜和陌生戒备着的城市站稳脚跟占有一片新天地，谈何容易！他们没有神枪和重炮，唯一的武器就是在红旗渠上锤炼过的山里人的诚实而艰苦的劳动。他们就用这个法宝参与市场的竞争，赢得雇主的信赖。当沈阳一家工厂招标建造一座特殊用处的大楼时，几十家施工队长来了，个个西装革履，潇潇洒洒。唯有一个皱巴巴的穿一件蓝布袄着一双砍山鞋的乡下佬，悄没声儿地进门，又悄没声儿地坐下。招标者"哗啦"一声，把图纸在桌上铺开。立刻人头攒动，争相察看，但都说："难度太大了，谁干得了？"乡下佬等众人退下，默默拿过图纸，横看，竖瞧，点头，然后操着浓重的林县口音，伸出粗似树枝的食指说："同志，你瞧……"他一连指出图上几处设计不尽合理的地方，还谈了改进的意见。

招标者先惊后喜，继而毫不犹豫地把图纸交给了乡下佬。这个乡下佬就是领着采桑乡一班人马闯沈阳的工队长万荣奎。施工开始，厂方发现，特殊的工程遇上了特殊的工队。他们干起活来不论钟点，一天劳动十五六个小时。正值炎夏盛暑，中午吃饭休息的时间加起来也不过一个半小时，有时夜间还要加班卸车、备料，但吃的却是极省俭的饭菜，白菜、萝卜……市场上什么最便宜就吃什么，一个月难见一点荤腥。不但能吃苦，干起活来又极认真，从不偷工减料。大楼提前两个月竣工了，比预算投资节约了20万元，在全市建筑工程的质量评比中一举夺魁。厂方满意地连声赞叹："不愧是修过红旗渠的人！"

在历史的重大转折关口，林县人民就这样找到了告别过去联结未来的接合点。凭着十年奋战红旗渠锤炼出来的建筑本领、组织才能和吃苦精神，大批剩余劳力冲出太行山，走向了全国性的建筑业大市场。1985年即达10万之众，1993年超过13万。2200个建筑工程队遍布全国250多个大中小城市，在祖国各地留下一个又一个辉煌的印迹。80年代首都新建的北京图书馆、亚运村、中国大戏院、国际饭店等新十大建筑中，林县工匠参加施工的就有8项。近几年，他们又把脚手架竖到了巴基斯坦、科威特、也门、俄罗斯等国的工地上。山外广阔的天地不仅使林县人的腰包迅速鼓胀起来，每年外出劳务纯收入一项就达4.5亿元，占全县农民纯收入的63%，赢得实现小康之想所必需的资金积累，而且大开了乡人的眼界，有了信息的交流、技术和人才的提炼与反哺……很短的时间里，一个支撑山区经济起飞的支柱产业就这样拔地而起了！

人说，头三脚难踢。

林县人头一脚就踢得山响。

瓦刀和脚手架，写出了最动人的诗篇。

风景独好：繁花开遍山野的奇观

林县人在山外的大舞台上把自己的拿手好戏唱火了。在山里，在祖祖辈辈繁衍生息的家园，他们同样唱火了另一曲拿手戏：让乡镇企业花开遍地。他们丝毫不敢松懈农业的运作。"无农不稳"，这个从饥饿与温饱同时获得的真理，时时鞭策他们，把对土地的耕耘与管理列为最重要的事情。但他们还懂得了另一个真理："无工不富"。于是，林县人民又规划了向工业化进军的蓝图。这个蓝图，在林县人心中激起的反响是那样深刻，犹如果汁渗透了果实……

8年前的一天，城郊乡上庄村的李章元从北京建筑工地获得信息，风风火火地赶回家，边抹汗边向村委会报告说："可靠资料！啤酒市场看好！德国、英国等发达国家平均每人每年肚子里要倒进300多升啤酒。中国人还不足3升，河南人更少，不过0.5升。像咱们林县这样的山区，很多人还不知道啤酒怎么喝呢。眼下人们生活像芝麻开花，这市场该有多大！"

"可造酒不是酿醋，咱不会呵！"

"咱跟北京五星啤酒厂攀亲，'借脑子'办厂，已托人提过'亲'，中！"

大家眼睛一亮："有门儿！"

村委会果断决定："办！"

谁想啤酒厂刚破土，就碰上国家信贷困难，资金、技术、设备、原材料，一连串难题潮水般涌来。"再难也难不过修红旗渠！"上庄人就爱说这话。村里几个主要领导背着干粮，驾着摩托，披星戴月，进京求艺；又骑着自行车跑到百里之外的安阳市讨贷款。门路跑遍，办法用尽，仍欠上百万元资金没着落。党支部书记王道生一狠心，把准备给儿子盖房娶媳妇的钱也拿出来了。孤寡老人李大爷拄着拐杖，颤巍巍地出现在厂门口。他手心攥着10元钱，那是老人家准备用来看病的全部"流动资金"，大家坚决不收。老人急得拐杖捣地咚咚响："我这病迟看几天人死不了，建厂缺钱，揪着全村人的心呵！"78万元资金就这样从村里人的口袋汇到厂里。过了一年零四个月，年产1.5万吨的啤酒厂投产的锣鼓就敲得惊天动地。从此，啤酒瓶成了上庄村的宝葫芦。向它要钱，给！每年税利480万元。跟它要新房，有！明亮宽敞的农民公寓唰啦啦竖起一个新上庄。

每个厂都是一个奇迹，都有一段故事。比起上庄来，西街村起步早得多。70年代末开办的铸造、钢窗等几个小厂生意红火，已经把财神请进了村。可他们说："在日新月异的市场经济浪潮中，停步就是倒退，迟缓就要掉队。"1992年，村里又酝酿着上铝制品厂。在市场风浪里扑腾了一阵子的西街人，已经学会从滚滚商潮中汲取营养，发展自己，变得聪明又机智了。村党支部书记李记栓领着几个人带上笔记本照相机出发了，从南到北，从东到西，一省一省地走，一厂一厂地串。人家也不傻，不让看。他们一会儿当串亲的职工亲友，一会儿充商场的采购员，偷着拍厂房拍生产线；明着问产品的品种和销路，背着记设备型号机床产地。四个月里几乎走遍全国所有较有名气的铝制品厂，沉甸甸地背回来一皮箱照片和资料。"啪哒"一声把门一关，李记栓又和技术员策划于密室。8个月后，一个能够生产10多个品种的铝制品厂像魔杖一样竖在西街村的土地上。更神的是，产品在广交会上一炮打响，470万元的订货合同逼着这颗新苗刚出土就得分蘖。落户西街村的会计一边在账上添写猛增200万元年收入，一边打量五大三粗的李记栓，只见他眨动明亮的小眼睛，抹一把8个月中已由乌黑变成铝色的满头短发，道出了此番商战取胜的诀窍："城市老厂设备好，牌子硬，技术熟练，这是他们的优势，但大量的离退休人员、职工配套设施、各种费用支出给企业带来了沉重负担，造成产品成本居高不下，却是他们难以回避的劣势。村办厂根底虽浅，但轻装上阵，成本就低，在价格的竞争上占着优势！"面对这样的庄稼人，你怎能不刮目相看！聪慧加苦干，勤学加勇敢，使他们在市场如战场的拼搏中纵横捭阖，左右逢源。

上庄村成功了！

西街村成功了！

上万家乡镇企业像烂漫的山花，开遍百里太行。乡乡都有自己的骨干企业，镇镇都有自己的骨干产品，又何愁不富！现在全县2/3的劳动力已转入非农业生产。在黄土地的风尘里延续了数千年之久的古老传统的农业文明正在向现代工业文明过渡。完成这个过渡，将是林县文明史上一次伟大的飞跃。

可能存在的，就要存在！

明天就这样向我们走来！

气存浩然：只为培育共享的果实。

在姚村镇定角实业总公司办公楼前广场上，屹立着一尊扬尾奋蹄俯首躬腰决然前行的拓荒牛雕像。那注入了时代精血的艺术形象，凝聚着人类最美好的信念：无私奉献。这无疑是一个象征，一声召唤，更是一种赞美，浩然之气，扑面而来。定角人说："我们的总经理李广源，就是一头拓荒牛。"

看上去土里土气、头发梢上也能抠出二两土来的李广元，却是个胸怀大志的人。他小学毕业就辍学在家务农度日。虽然哥哥是高干，有着足够的条件进城找个工作，远离黄土地上贫穷的煎熬，但他就是不愿离开家乡。他说："我鄙视凭关系跳'农门'。我就不信贫穷的影子总跟着咱！"他立志要改变家乡面貌，从小队会计到大队党支部副书记再到总经理，一步一个脚印，带领穷乡亲走共同富裕的道路。压在肩上的责任，焕发了他自身的力量。他和一班党员干部一起，在五间厂棚里靠三盘铁匠炉子20来个人起家，叮叮当当，经过十年生息积蓄，硬是敲打出来了今天这样的拥有3000多职工、近亿元固定资产、下属14个专业厂的实业公司，全村人均收入2500元，500户人家住进小洋楼，八成以上的家庭安上了程控电话，有了彩电、冰箱，孩子从小学到中学全部免费，对上大学的更是全力资助……为了集体的事业，他支付了几乎整个身心：向客户送货可以在冰天雪地里等天亮；到外地出差跑遍大半个中国，都是靠方便面充饥，在候车室过夜；儿子出生了，母亲病故了，都不能在身边……

"回顾过去，你体会最深的是什么？"

"事要多做，气要多受，就能把大伙儿拧成一股劲。"

"还有么？"

"利益要少得。不能总想自己捞钱，企业就会发起来！"

同李广源的公司规模相当、发展道路相似、生产经营项目相近、彼此相邻堪称姊妹公司的史家河企业集团总公司的经理、全国人大代表、共产党员王发水，也是一个血性刚强、带领乡亲共同致富的汉子。1987年，他承包的村办企业期满，按合同规定，几个承包人应得127万元奖金。乡亲们知道他们为救活企业付出了多少心血，都说："该奖，该奖。"王发水等人却毫不犹豫地"拒奖"，提议把这笔钱全部投入扩大再生产。他对同伴们说："咱们都是从穷窝窝里出来的，受够了穷滋味。应该保持当年修红旗渠时不计报酬、只讲奉献的精神，为乡亲们共同富裕走出一条路来。"

这句话，的确注释了他的全部人生。

而居住在林县最僻远最贫穷的山村石板岩乡大脑村一个叫许存山的共产党员，则以另一种方式，为这句话的注释增添了另一番光彩。200多口人的大脑村坐落在海拔1800米的高山顶上白云深处。但是，高处不胜寒，无霜期只有120天。历来有五难：用水难、行路难、吃穿难、照明难、婆妻难。1980年，26岁的许存山转业回乡第一天，乡党委书记说："解放30年了，大脑旧貌未改，怎么行？你当支部书记吧，让大脑变个样！"许存山志在教书，怎么也想不通，回到山顶上，大哭了一场。老党员桑学章挂着拐杖跑了三里路，向他数说大脑人桩桩苦难滴滴泪："存山呵，咱是共产党员，你又是咱村有知识见过世面的年轻人，大伙儿指望你领着奔好日子，可不要负了大伙儿的心呵！"乡亲们的重托，使他如醍醐灌顶，一下子清醒过来，想："一个共产党员不能解救群众的苦难，还有什么意义？不值！"曲曲折折、浑浑噩噩的一切，仿佛是在瞬间征服的。第二天，他上任了，把全村14名党员集合在一起，商讨了改变村貌的对策，并在党旗下庄严宣誓："向党保证：十年内要让大脑通电、通汽车，让全村人吃饱肚子，光棍汉娶上老婆，赶上山下的富裕村……"

许存山的誓言声若洪钟。

他听到了自己的声音。

整个苦难的山村也听到了他的声音，人们灰冷的心头燃起了希望之火。

不久，一个消息传得风快："许书记下崖了，吊在山腰抡锤打钎，要开公路！"

几个小伙子立刻跟了下来。

"上去！马上给我上去！"许存山一声断喝。

"咋啦？俺们也要为修路出力！"小伙子们一个个愣了。

"这是党支部的决定！"

后来，大家才知道决定内容：把最危险的活留给党员，决不让群众冒险。今天，当我们问他为什么这样做时，许存山笑了："这是我们的私心呢！如果普通群众出了意外，对不起大伙，也怕有人一时想不通，闹起来影响施工。党员牺牲了，开个追悼会，接着干！"

苦干不到10年，大脑村变了。载着高压电流的银线飞上了山顶。大小汽车鸣叫着开上了山顶。地膜覆盖新技术引到了山顶。小麦也种上了山顶。玉米最高亩产850公斤。1992年，大脑人第一次被金灿灿的粮堆难住了："这么多粮食往哪儿搁！"可不，总产突破7.5万公斤，是这个山村历史上从未有过的大丰收。而且，300亩苹果、黄梨、山楂都挂了果，年产鲜果58吨，换回十几万元钞票。更热闹的是，全村27条光棍披红挂绿，从山下娶回了27位新娘。《中国科技成果大全》大辞典里也赫然写进了许存山的名字和他的实践。

事实，像史诗一般显示了它的恢宏、深邃、沉甸甸的真实和雄辩：忠实于伟大理想心系人民冷暖的中国共产党人，一旦把中华民族坚韧不拔、聪慧好学、忠厚质朴的传统美德带进时代的使命，就一定能创造出震天憾地彪炳史册的奇迹，使人间的生活翻一个过！

敬礼，负重奋进的拓荒牛一样的人们！

敬礼，为民族强盛国家繁荣胼手胝足的人们！

明日多情：不负血凝汗浸的土地

冬日的风吹进太行山。

旷野上一派苍茫。那里有裸露的岩石，不死的松柏，干枯的衰草，还有成片成片的厂房，奔向田野的流水在红旗渠里汩汩流淌。阳光都给它们镀上了金色的光辉……

就像经营有方的果园，林县的土地是丰沃的，积淀着人们数千年深情的息壤。从在林虑山中生活过的远古先民、殷商时代奴隶出身的宰相傅说，到今日大脑村许存山们的前辈，都是这片土地最忠诚最真实的耕耘者。28年前倒在红旗渠工地上的189名英雄儿女，已经长眠在黄土之下的寒夜里，他们是用鲜血耕耘的。有的用智慧。有的以勇敢。有的将刺刀蘸着复仇的眼泪。有的把汗水摔成八瓣，背朝苍天躬耕于垄亩……他们都是为了这片土地的兴旺。他们是伟大的先行者。然而，要创造历史上从未有过的标举着现代文明的林县的复兴和繁荣，却是今天一代人们的天职。

98万林县人已经从每一个角落走拢来，接过了先辈手中的接力棒，点燃了新世纪文明的火炬，像太行山上巍峨峰峦和摩天巨崖，内里凝聚着无比坚定的神力，并且从过去的奋斗和未来的前景中汲取了更强旺的勇气与激情，在无限宏阔的历史厘定的目标面前，毫不犹豫地振奋信心和力量。当今，惊天动地的改革大潮汹涌而来，犹如马克思一百多年前呼唤着革命那样，那激荡的潮声号角一样嘹亮地呼唤他们：

这里是罗陀斯，就在这里跳跃吧！

这里有玫瑰花，就在这里跳舞吧！

林县辽阔的大地，永远是创业者的舞台……

刘　虔　常俊杰

1994年1月18日晨，于北京

（《人民日报》1994年1月20日第5版）

"太行明珠"更璀璨

——记再造"红旗渠工程"的林州人

地处太行山东麓，豫、晋、冀3省交界处的河南省林州市（原林县），千峰耸峙，万仞壁立。

这里，原是一个交通闭塞、资源匮乏、土薄石厚、水贵如油的贫困县。改革开放后，林州人民在各级党组织的领导下，发扬昔日的红旗渠精神，创造了新的业绩。1993年底，全市社会总产值达48.9亿元，财政收入跃居河南省先进行列，城乡居民储蓄余额27.7亿元，居全省之冠，该市的经济综合实力也由1990年的全省第44位跃至第12位。

在经济上台阶、生活奔小康的征途中，林州市坚持"两手抓"，取得了物质文明和精神文明建设的双丰收。汩汩流淌的红旗渠水为世人清晰地映照出90年代林州人拼搏、向上、富裕、文明的新形象。

永远不丢民族魂

提起林州人，自然要提到红旗渠，它是林州人民的骄傲，它是一座不朽的丰碑。

60年代，正是3年困难时期，当地20万人民在一天仅有6两粮食供给的情况下，靠一条扁担两只手，硬是削平了1250座山头，架起157个渡槽，打通21个隧道，修建了1500公里长的"人工天河"红旗渠，在太行山的腰际系上了一条银色飘带，引来了幸福的漳河水。

90年代的林州人，生活富裕了，观念更新了，面对改革开放大潮，面对商品经济的冲击，昔日的艰苦创业精神是否还在红旗渠畔闪光？中共林州市委书记毛万春告诉记者："红旗渠精神是我们的一笔巨大财富，我们要大力弘扬艰苦创业精神，为建设改革开放、发展经济的'红旗渠工程'而奋斗。"

安阳大方陶瓷有限公司是这座小城里的第一家中外合资企业。在它的孕育过程中，曾有这么一段感人至深的故事。

去年6月18日，合资方的意大利专家小组不远万里来到林州安装设备。当他们看到自重50吨、高6米的两台压机尚未就位，便让工厂联系70吨型的大吊车。

70吨的大吊车，别说林州，就是安阳地区一带也没有。当厂长侯用和告诉对方，准备用人力将机器就位时，他们当即抛下硬邦邦的几句话："这里根本不具备安装条件，就位还需要很长时间，我们先回意大利，半年以后再来安装。"说完，直奔宾馆而去。

为了争取时间，侯用和追到宾馆，力陈设备人力就位的可能性，可外国专家依然摇头，因为他们走遍世界还没有见过先例。最后，侯用和恳求对方："请给我3天时间，如果3天后压机不能就位，我亲自送各位到郑州机场！"

外国专家哈哈一笑，专家组长道："侯先生，3天？ 10天也是不可能的！如果你3天就位，我愿意掏1000美金作为佩服费！"

虽然争取到了时间，但厂长的心情沉重如磐。

没有退路，只好背水一战，考验中国人志气的时刻到了。一支20余人的工人突击队成立起来，他们从兄弟厂借来6个50吨的千斤顶、4个20

吨的倒链和200根铁路轨枕。50吨重的设备他们一寸一寸地撬，一点一点地支，一厘米一厘米地移。整整38个小时，工人没有一个离开工地，厂长没合一下眼睛，愣是"蚂蚁啃骨头"，将两个庞然大物移动到位。

在宾馆，翻译讲了两遍，意大利专家还半信半疑，直到抵达车间现场，技术经理皮亚纳先生看到眼前的一切，突然抱住侯用和，连声赞叹："不可思议，真是不可思议！林县人民了不起！"意大利专家口服心服，当即与总裁联系，决定还要在林州投资兴建第二条、第三条生产线。

今天，艰苦创业的精神，林州干部、群众常常想到它、谈到它，而且常谈常新，赋予了它新的内涵。侯用和说："通过与意大利合资办厂的实践，我们深刻认识到艰苦创业精神也是投资环境。"姚村镇史家河村党总支书记王发水说："现在我们所讲的艰苦创业精神不仅是指吃、穿、用方面要俭朴一些，舍得出大力、流大汗；更重要的是要有一种'咬定青山不放松'、勇于开拓创新、发展事业、锲而不舍、科学进取的精神。"中共河南省委书记李长春已先后5次赴林州调查研究，总结经验。他说："林州人民在修建红旗渠过程中形成的、在改革开放时期又不断丰富和发展的创业精神，是我们优秀的民族精神和改革开放现代意识相结合的体现，是江泽民总书记所倡导的新时期伟大创业精神的具体化，它凝聚着我们中华民族的民族魂。"

好"钢"用在刀刃上

昔日，林县曾经是贫穷、落后的代名词；而今，随着经济的发展，林州财政的"蛋糕"越做越大，普通百姓的口袋日益充盈。当他们向一批又一批慕名而来的客人展示红旗渠业绩的辉煌时，也为自己城乡居民存款余额位居全省第一而感到自豪。

是的，贫穷不是社会主义。更为可贵的是，今天林州人在朝着小康和富裕大步迈进的时刻，勤俭节约、艰苦奋斗的好传统盛而不衰，他们把自己辛勤创造的宝贵财富花在让一代人、几代人受益的地方。

林州市各级领导班子成员以身作则，率先垂范，下基层办事常常骑自行车，在群众家里吃派饭。

史家河村，这里富起来的村民全部住进了成排成行的别墅式二层楼房，家家通了程控电话，户户看上闭路电视，人人吃上了自来水，儿童9年义务教育全部免费，是闻名遐迩的亿元村。然而，就是在这个亿元村，公家的4部小轿车除了用于接送聘请的专家、教授及其他客人外，村办各企业的厂长出差也常常是挤公共汽车到安阳转火车；出差在外，除了必要的公关应酬，几乎人人都是啃烧饼，吃烩面，住十几元钱一天的最普通房间。

定角村，是河南省村级经济建设的第6名，也是林州的首富村之一，这儿的年轻人结婚流行的是吃"大锅饭"。办喜事那天，一口大锅蒸上馒头、米饭，另一口大锅是粉条烧肉、豆腐白菜。新郎、新娘与左邻右舍的嘉宾一碗主食一碗菜，简朴热闹。村党总支副书记李春生说："不是花不起，而是我们不追求这个，没这个风气。富了以后婚丧嫁娶也从不大手大脚。"

目光深邃的林州人在富裕之后想到的不仅是自己，而且还有他人；着眼的不止是当前，更多的还是未来。在一些社会公益事业及长远利益的事情上，红旗渠故乡的人民总是那样慷慨大度。

在林州，寻常百姓捐款投资办教育的人和事俯拾即是。定角村党总支书记李广元讲的这句话或许道出了他们的共同心曲："我们这些头发梢上都能抠出二两土的庄稼汉，要想发财致富、永远富裕，必须依靠人才。"

城关镇北关村老人宋启生创业一生，临老把30万元积蓄全部捐献出来，而且亲自设计，组织施工，在他去世前把一座高三层、1400平方米的教学楼留给了养育他的小山村。这座"启生教学楼"如今设有10多个教学班，650多个农村孩子在此读书。

在林州市教委，记者了解到，截至1993年底，该市共筹集办学资金2.2亿元，其中社会、群众自愿集资1.5亿元。个人捐款1千至1万元的有718人，1万元以上的82人，捐款最多的达49万元之多。

穿行于林州各个乡村，记者看到这里最好的建筑是学校。据介绍，这里全新的学校就有440多所，小学升初中考试已被取消。合涧镇北小庄的学校还因其建筑设计新颖被人誉为"总统府"。林州第一实验小学在"全国小学数学奥林匹克竞赛"中，有96名学生获国家级奖。市教委主任苏琦书告诉记者："目前我市正在建聋哑学校，让残疾人也能接受正规教育。市财政尽管还不十分宽裕，但宁肯别处省一些，在教育上舍得花钱，真是好钢用在了刀刃上。"

共同富裕谱新曲

在林州市姚村镇定角村定角实业总公司办公大厦前，一座躬背弯腰、奋蹄前行的孺子牛仿铜雕塑煞是壮观。定角村党总支书记、定角实业集团总公司总经理李广元说："我们的经济发展有了一些基础，但还要继续奋斗，我们共产党员要像这头孺子牛一样，带领群众共同致富。"

因为有这样一批辛勤耕耘、把握方向的孺子牛，林州在建立社会主义市场经济新秩序的今天，走的是一条共同富裕的康庄大道；在这条大道上前行的共产党员，用行动唱响了一支勤于劳作、乐于奉献、爱民为民的时代交响曲。

石板岩，这里曾是林州最偏僻、最落后、当地海拔最高的一个乡。百姓民谣曰："路上石头大如牛，山洪冲得净是沟，骑车步行心发慌，汽车最怕双顶头。"由于自然条件等原因，当山下的外乡人已开始出现万元户、亿元村、明星镇时，这里的群众才仅仅能解决温饱。

林州市党组织没有把石板岩乡忘在脑后。1992年，市委为该乡调配了得力的领导班子；1993年，又把这里辟为市经济发展特别试验区，给予种种优惠政策，为石板岩的经济发展大开绿灯。记者冒雨来到该乡，看到这里拓宽了道路，架通了电线、电话，乡镇企业、旅游业两翼齐飞，香港、郑州、安阳等地的16家企业来到这个"令人激动不已的地方"，到位资金1500万元，今天的石板岩正一步步振兴起飞。

在林州一个个富裕起来的乡村，共产党员们想的是群众、是集体，他们恪尽共产党员的职责，展现出林州一代英杰的风采。

史家河村党总支书记、史家河企业集团总公司总经理王发水第一轮承包结束时，应和伙伴们得到提成款127万元。是把这笔款心安理得地收下，还是将它作为集体积累用于扩大再生产？老王说："要说在巨款面前没动心，那是欺人之谈。但我们共产党员应该有更高的思想境界，村里的企业刚刚起步，共产党员不能只顾个人，更重要的是带领群众发奋图强，实现共同富裕。"最后，王发水说服大家，毅然把这笔巨款全部捐给了村里。

姚村镇党委书记翟建周介绍说，李家岗村党员李经元从部队返乡后自己搞起铸造厂，一年能挣几十万。1991年，村里群众一致推选他这个能人做村支书，一年工资仅6000元。金钱、利益在他面前摆下一道试题，李经元是这样做答的："我个人虽然富了，但村上的群众还没富，群众信任咱们党员，咱就得带领大家脱贫致富奔小康。"如今，李家岗村80%的农民住上了两层楼房，村里人人免除了各项提留，成为全镇50多个行政村中的第三"富裕大户"。

正是千百个王发水、李经元这样的优秀分子，在中原大地上托起林州这颗两个文明建设的耀眼之星。河南省17个地、市的负责人来了，118个县的县委书记来了，2500名贫困村的支书来了。从去年下半年起，他们分别来到林州，接受红旗渠精神的洗礼。一座城市、一个地区的振兴不是林州人的一切，大家都富起来才是他们的心愿。

林州人，太行大山赋予你雄壮豪迈、战胜困难的气魄，红旗渠水浸润出你艰苦创业、百折不挠的精神。林州，这颗太行明珠，明天一定会更加璀璨夺目。

人民日报记者　郑宏范

（《人民日报》1994年6月10日第1版）

红旗渠精神的思考

江泽民同志在视察红旗渠后指出：在林州看了中外闻名的红旗渠。在三年困难时期，在当时的物质技术条件下，能建成这样宏伟的工程，林州人民了不起。"红旗渠是自力更生、艰苦奋斗的典范，不仅给后人留下了浇灌几十万亩田园的水利工程，更重要的是留下了宝贵的红旗渠精神。这不仅是林州的、河南的精神财富，也是我们整个国家和民族的精神财富。"什么是红旗渠精神？林州市广大干部群众在建设红旗渠的过程中体会到：为了人民，依靠人民，敢想敢干，实事求是，自力更生，艰苦奋斗，团结协作，无私奉献，是红旗渠精神的实质所在。

人民利益高于一切，是红旗渠精神的根本立足点

林州市原名林县，历史上长期困扰这里人民群众生产生活的关键问题之一是缺水。可是，历代的反动统治者只顾压迫榨取人民血汗，却不管群众的死活。中国共产党从人民的根本利益出发，想人民之所想，急人民之所急，全心全意为人民办实事。五六十年代，林县县委"一班人"深知全县人民虽然在政治上翻了身，但经济上还很贫困，仍在受干旱缺水的煎熬。改变林县山区面貌，让农民脱贫致富，关键是引水进村、引水上山。建国初，全县九十一万八千亩耕地，只有一万两千亩水浇地。全县五百五十个村庄，长年远道取水吃的就有三百零七个村，其中跑三公里左右

的有一百八十一个村，五公里左右的有九十四个村，十公里左右的有三十二个村，真是吃水贵如油，十年九不收。林县县委"一班人"抱有一个共同的想法，要让全县人民真正过上好日子，必须彻底解决缺水的问题。他们组织群众打旱井、挖山泉，修建英雄渠、抗日渠、淇南渠、淇北渠、天桥断渠、南谷洞水库、弓上水库、要街水库、石门水库等许多中小型水利工程。1957年中共林县二届二次党代会作出了《全党动手，全民动员，苦战五年，重新安排林县河山》的决议。党代表郑重宣誓："头可断，血可流，不建设好林县不罢休。"林县县委把党代表的誓言刻成纪念章，奖给党员干部和水利模范。这充分表明了林县县委对解决干旱缺水问题的决心。1959年林县大旱，全县境内水资源不足的矛盾更加突出。县委、县人委的领导成员到邻近的山西平顺县考察"引漳入林"工程，山西省委和平顺县委给予了很大的支持。林县县委于1960年2月决定开工修建红旗渠，全县各级党组织和广大党员干部懂得，修建红旗渠是全县人民群众的迫切要求，只要坚定地依靠群众的力量和智慧，再大的困难也能克服。全县各级干部和群众在修渠工地同吃、同住、同劳动、同商量解决难题，真正打成一片，拧成了一股劲。领导一心为人民，赢得万众一条心。全县各级党组织模范执行党的群众路线，全心全意为人民服务，真心诚意依靠人民群众，从而创造出人间奇迹，形成了宝贵的红旗渠精神。

　　修建红旗渠的条件十分艰苦，没有也不可能靠奖金和物质刺激群众建渠的积极性。广大群众在自我实践、自我教育中懂得了为谁修渠，怎样修渠，宁愿苦干也不苦熬；宁愿眼前吃苦也要换来长久幸福；宁愿自力更生、群策群力也不等靠要，不单纯依赖国家。党组织实实在在的思想政治工作贯穿在修渠的整个过程中，特别是全县各级领导干部身先士卒，发挥了模范带头作用。工地上民工营、连建有党、团组织，广大干部群众学先进，争上游，同甘共苦，没有怨言。事实充分证明，党员干部尤其是各级领导干部只有树立全心全意为人民服务的精神，才能积极主动地领导群众、依靠群众、自力更生、艰苦奋斗地创建社会主义事业。贪图安逸享受的人，只为自己升官发财的人，不求有功但求无过做"安乐官"的人，绝不会去干修红旗渠那样艰苦的事。为了人民的利益和党的事业，共产党人应该不惧艰苦，不畏风险，顽强拼搏，勇于实践，真正把党和人民交办的事情办好。

敢想敢干，实事求是，是红旗渠精神的灵魂

劈开太行山，修建红旗渠，是林县人民从根本上改变干旱缺水的大胆创举。六十年代初，正是国内连续遭受三年自然灾害、国外反华势力卡我们脖子的困难时期。林县县委既面临着资金缺乏，物资、粮食紧张和险恶施工条件等困难，又面临着一些压力、指责，甚至受处分的严峻考验。县委"一班人"靠着彻底的唯物主义态度，靠着对党和人民的忠诚，靠着全县干部群众的坚强团结，无私无畏，迎难而上，坚持到胜利。

敢想敢干和实事求是相辅相成，坚定性与灵活性的辩证统一。在修建红旗渠的过程中，林县县委坚持实事求是。在浮夸风、瞎指挥、高征购一度盛行时，林县县委注意从实际出发，在最困难的时候，全县还有一部分储备粮和资金，这是敢于和能够修建红旗渠这样大工程的基础。同时，在红旗渠建设过程中，林县县委还注意灵活决策。比如，最初修建红旗渠的三万多民工在七十多公里的总干渠上全线开工。县委深入工地调查研究，学习毛主席抓主要矛盾和集中精力打歼灭战的思想，实事求是地将全线开工的决策，调整为"集中兵力，分段施工，建成一段，通水一段"，这是

决定修建红旗渠最终取得胜利的关键措施。一是先修山西境内的二十公里，六个月完成任务，缩短了工期，减少了两地矛盾，既节省了劳力，减轻了劳动强度，又大大鼓舞了群众修渠的积极性。二是在国家三年困难时期，林县红旗渠工程既没有全部停工，也不是撑着硬干，而是实事求是，正视困难，留下数百名技术好战斗力强的民工凿通了"青年洞"等，这对在困难时期建成总干渠起了决定性的作用。三是提前修建原定总干渠第四期工程，提前发挥南谷洞水库的效益，使得全县粮食产量于1964年在全省第一个达到纲要指标，这就进一步鼓舞广大人民群众大力推进红旗渠建设。红旗渠的总干渠修了五年时间，于1965年4月建成通水；三条干渠原定两年完工，结果一年完成。如果不是"文化大革命"的干扰破坏，红旗渠配套支渠于1967年就可全面竣工。如果没有无私无畏、敢想敢干的坚定信念，没有实事求是、灵活机动地调整施工决策，要建成红旗渠是不可能的。

自力更生、艰苦奋斗，是红旗渠精神的体现

自力更生，艰苦奋斗既是我们党和中华民族的优良传统，更是共产党人应有的气节，不向别人乞求，立得端，行得正，靠着自己的钢筋铁骨一双手，自立于世界民族之林。共产党人搞社会主义建设，就得辛辛苦苦出力，精打细算花钱。修建红旗渠，林县人民出工按受益面积分配，群众自带工具，自带口粮，不足部分从生产队储备粮中补助。修建红旗渠的石灰自己烧，水泥自己产，每一分钱，一袋水泥，一个钢筋头，一根锤把子都做到了物尽其用，整个工程总投资六千八百六十五万多元，其中国家资助一千零二十五万多元，仅占总投资的14.94%。干部群众同甘共苦，亲如

一家，多快好省，群策群力。所有这些事情，当时林县干部群众都觉得是理应如此的。修建红旗渠十年，没有发生过一宗请客送礼、挥霍浪费的情况；也没有一个干部贪污挪用建渠物资。在建设红旗渠的过程中，涌现出像马有金、路银、任羊成、王师存、李改云、郭秋英、张买江、韩用娣等一大批艰苦奋斗、无私奉献、舍己救人、不怕牺牲的红旗渠建设模范；还涌现出一批坚持真理、实事求是、顶着压力、不计个人得失的好党员、好干部。他们是红旗渠精神的人格化身，林县人民永远不会忘记他们!

红旗渠精神具有强大的凝聚力和感召力

在修建红旗渠的十年中，全县参加红旗渠建设的不少于三十万人。县里各级干部和广大群众在建渠中锻炼了意志，增长了才干。十年修渠，培养锻炼了五万多名石匠，三千多名懂技术、会管理、能领导施工的工队长、技术员，这些人后来成为林县十万建筑大军的中坚力量。更重要的是，红旗渠精神成为激励林县人民奋发图强建设社会主义新农村的精神动力，是林县各级党组织、广大干部群众紧密团结、干事创业的象征。弘扬红旗渠精神，首先是各级党组织和广大干部，要真正确立全心全意为人民服务的根本立场和世界观，牢固树立人民群众是创造世界历史动力的唯物史观，一切为了人民，紧紧依靠人民，一刻也不脱离群众。其次，在改造自然、改造社会的斗争中，既要有无私无畏、敢想敢干的雄心壮志，又要有实事求是的科学态度和工作方法；通过实践，认识和掌握客观规律，改造主观世界和客观世界。其三，创业时需要艰苦奋斗精神，条件好了也不能贪图安逸享受，奢侈浪费。艰苦奋斗精神是共产党人和劳动人民的本色。我们党的全部历史就是靠自力更生、艰苦奋斗来谱写，如果丢掉了艰苦奋斗精神，就会腐败变质，亡党亡国。林县干部群众说得好：红旗渠精神有党的宗旨，又有群众路线；有解放思想，又有实事求是；有思想方法，又有工作方法；有物质文明，也有精神文明。改革开放离不开它，党和群众丢不掉它，就是到了共产主义也别忘了它。

　　　　　　　　　　　　　　　　　　　　　　　　杨　贵

　　　　　　　　　　　　（《人民日报》1998年10月15日第10版）

碧血丹心铸渠魂

——访修建红旗渠特等劳模任羊成

　　初夏之夜，凉风习习。在即将迎来建党80周年的日子里，我们怀着对一位普通老党员的崇敬之情，叩开了当年参与建造红旗渠的特等劳模任羊成的家门。这位精神矍铄的老人娓娓而谈，向我们讲述起了修渠的那段艰难岁月……

　　众所周知，林县有条红旗渠，41年前，我有幸参加了红旗渠这一宏伟工程的建设。每一次回想过去，我都深深地感到，没有中国共产党的领导，没有广大人民群众的参与，就不会有今日的红旗渠，就不会有今天繁荣昌盛的林州。

　　数百年来，林县十年九旱、水贵如油。新中国成立后，林县经过深入调研、反复论证，决定修建红旗渠。1960年2月12日，农历正月十五，红旗渠工程正式动工。县委主要领导带领10万民工，浩浩荡荡，开上了太行山。那一天起，我就加入了这支队伍。大家一起夜以继日奋战在一线，抢锤打钎，装药放炮，哪里工程险恶，哪里就有党员干部坚守阵地。

　　我在工地上担任除险队队长。1960年秋，红旗渠修到鸻崖，这里上不见青天，下边是滔滔漳河水。当地老百姓形容说：鸻崖是鬼门关，风卷白云上了天，禽鸟不敢站，猴子也怕攀。在这险要之地放过炮后，石壁上形成了一个向外突出30米的巨大石块。被炮崩酥的活石犹如一颗颗定时炸弹，悬在民工的头上。要想荡进去除掉险石，是非常困难和危险的。工地被迫停工了。面对前所未有的艰险，夜里，我失眠了。辗转反侧地想：人死算个啥，不过是摔在石头上的一块肉。为了早日修好渠，就算牺牲了，也值得，拼死一试吧！第二天早上，我向同伴安排了"后事"：万一回不来了，拾几根骨头卷进铺盖里，放进棺材；留在匣子里的饭票、菜票就分给大伙儿。上午9点多，我身系绳索下了悬崖。滑到巨石边，我选好方向，猛的一蹬，凌空向外荡起30多米高，把崖顶上放绳的人看得一清二楚。山风在耳边呼呼作响。随着惯性我扑进了巨石下，用尽全身力气，死死抱住了一块石头，用腰里早准备好的铁钩把自己同山崖紧紧联在一起，成功地将在这30多米深的山崖里的悬石一块块除掉。可没想到，我抬头向上看时，一块石头空然落下，正好砸在嘴上，四颗门牙全被砸掉，紧紧压住了舌头。我从腰里拿出小钢钎，插进嘴里把牙别了起来，用手一扶，四颗门牙全断在嘴里，我用力吐出断牙，吐了口血沫，整个嘴巴都肿了起来。接下来的几天里，我都戴着口罩，继续在悬崖峭壁上除险。还有一次在通天沟里除险，我被滑动的大绳荡进了圪针窝，稍一动弹就要全身疼痛。过了好久，我才咬紧牙关荡了出去，继续除险。回来后，房东大娘和她的儿子一共为我挑去了200多根半寸长的圪针。大

凌空除险　魏德忠/摄

家都说我是"阎王殿里报了名"。

经过了那段艰苦的岁月,渠修好了,从此我一直没有离开过红旗渠。多年来,各级党委都给了我无微不至的关怀。在红旗渠青年洞管理段工作,守渠护渠,植树造林,整整21年。退休后,我和家乡群众一起,为改变家乡贫困面貌,又披挂上阵了。我从县里请来测量队,划定了井位,并组织大家打了一口40米深的机井。90年代,为修建山区公路,我又亲自下崖除险。今天,我73岁了,身体不行了,和老年服务队一起,只能干些栽树、调解的活儿。

聆听着这个老党员的叙述,原新华社社长穆青同志写下的一句名言又浮现眼前:我深感岁月的交替,对一个共产党员来说,并没有太大的意义,关键还在于他是否有一颗为人民服务的丹心。

尚军生　崔国红

(《人民日报》2001年7月4日第7版)

红旗渠壮歌撼山岳

编者的话

"红旗渠"是太行山人民意志和力量的象征。河南林州人民在这一宏伟工程中锻造的自力更生、艰苦创业、团结协作、无私奉献的红旗渠精神，同样是改革开放时代的需要。遥想当年，林县荒山秃岭，水贵如油；展望今朝，林州山清水秀、繁荣昌盛，是中原大地的一块希望之地。历史说明，艰苦奋斗的精神永远值得珍视。现实则说明，树立科学发展观、一切从人民利益出发的做法，也必须时时牢记。这样做了，我们的事业会发展得更快、更辉煌。

9月8日，河南省林州市处处洋溢着喜庆和欢乐：红旗渠通水40周年纪念大会、大型文艺纪念演唱会、2004年林州国际滑翔赛等活动相继拉开帷幕。太行山下、红旗渠畔，100万林州人民以不同的方式，隆重纪念红旗渠通水40周年。

上世纪60年代，林县人民靠一锤、一钎、一双手，苦干10个年头，硬是在万仞壁立、千峰如削的太行山上，斩断1250个山头，架设152座渡槽，凿通211个隧洞，建成了全长1500公里的"人工天河"——红旗渠。有人做过计算，如果把修红旗渠所挖砌的1696.19万立方米土石垒成宽2米、高3米的墙，可以将哈尔滨和广州连接起来。红旗渠的建成，结束了林州"十年九旱、水贵如油"的苦难历史，从根本上改变了林州的生产生活条件。

红旗渠通水40年来，总引水量85亿立方米，灌溉面积8000万亩次，粮食增产15.9亿公斤，发电4.7亿千瓦时，共创效益17亿元，相当于总投入的23倍。林州人民亲切地称红旗渠为"生命渠"、"幸福渠"。20世纪70年代，周总理曾自豪地告诉国际友人：新中国有两大奇迹，一个是南京长江大桥，一个是林县红旗渠。在红旗渠修建过程中孕育形成的红旗渠精神，成为一笔宝贵的精神财富。

迎着改革开放的春风，林州人民用修建红旗渠锻炼出来的建筑本领，走出太行山，到黑河、三亚、浦东闯天下。后来，他们更在科威特搭起脚手架，在俄罗斯操持泥瓦刀……进入90年代，林州人又利用外出务工积累的资金和看准的门路，回家乡开工厂、办企业，使林州乡镇企业异军突起，一跃成为河南乡镇经济发展的排头兵。

"战太行"，"出太行"，"富太行"，串联成林州人民的创业"三部曲"。今日林州，从市区到乡镇，马路平坦，楼房林立，绿树成荫。更令人振奋的是分布于各乡镇的汽车配件企业。特别是姚村的发动机缸体，任村的发电机爪棘，定角的变速箱壳，东岗的汽车后桥，临淇的汽车水箱等，各具特色，自成系列。除与一汽、二汽等厂家配套外，还有30%的产品销往各地市场。目前，林州生产的汽车底盘部件、刹车毂约占国内市场的50%以上，汽车发动机爪棘占国内市场的80%。

走进位于姚村镇史家河村的安阳市汽车零部件有限公司，一件件刚漆过的前后桥总成、制动器总成、发动机总成正等着装车。镇长张建明介绍说："现在，全镇120多家汽配生产企业，在史家河、定角等龙头企业辐射带动下，形成了高中低档产品结构齐全的产业链条，加上任村镇井上、清沙的爪棘生产，已经基本形成汽配产业园。""说不定再过上三五年，你们再来就能坐上姚村自己生产的汽车啦！"他自豪地说。

40年过去了，林州人民在红旗渠下打造出了一个充满生机的"新林州"：2003年，全市GDP达58.7亿元，财政收入2.13亿元，金融机构各项存款余额96亿元，连续23年位居河南各县（市）之首，综合经济实力在全省排第十二位。

今天的林州人不仅延续和发扬了"红旗渠精神"，还利用红旗渠这一品牌来发展经济、吸引投资。从1990年起，林州着手开发红旗渠景区。到如今，红旗渠景区已成为一个功能齐全的山岳型风景名胜地。2002年，红旗渠被评为国家4A级风景区。10多年来，红旗渠景区累计接待游客1028万人次，门票收入8000万元，带动旅游产业收入8亿元。在今天的林州，以"红旗渠"命名的产品已有25类230种，像销路颇佳的红旗渠牌啤酒就是一个村办企业生产的。

目前，林州正着力实施"工业创强市、城建创精品、旅游创品牌、环境创一流"的四大战略。林州人民正在续写更加动人的红旗渠故事！

王明浩

（《人民日报》2004年9月10日第4版）

《红旗渠精神展》在京举行

回良玉参观展览

新华社北京 9 月 29 日电 为纪念红旗渠通水四十周年,《红旗渠精神展》29 日起在京举行,中共中央政治局委员、国务院副总理回良玉参观了展览。他指出,红旗渠精神是中华民族宝贵的精神财富。我们要大力弘扬红旗渠精神,继续推进农田水利基本建设,提高农业综合生产能力,加快农村小康社会建设进程。

林州原名林县,位于河南省安阳市西部、太行山东麓。历史上十年九旱,水贵如油。为了彻底改变恶劣的生存条件,从 1960 年 2 月开始,林县人民在党的领导下,经过 10 年的艰苦奋战,劈开太行山,引来漳河水,建成了全长 1500 多公里的"人工天河"——红旗渠,不仅从根本上改变了林县缺水的历史,创造出巨大的经济和社会效益,而且孕育形成了"自力更生、艰苦创业、团结协作、无私奉献"的红旗渠精神。

40 年前,红旗渠展览曾在北京举办,很多党和国家领导人观看了展览,并给予高度评价。今天,红旗渠精神再度进京展览,对于进一步弘扬红旗渠精神,加快全面建设小康社会进程,有着十分重大的意义。

这次展览分为 4 个部分,用珍贵的历史照片、沙盘模型和实物及声、光、电等现代科技手段,全面回顾和展示了红旗渠精神的孕育、形成、发展过程,展览将持续到 10 月 10 日。

全国人大常委会副委员长顾秀莲，全国政协副主席张思卿、陈奎元等及有关部门领导参加了展览的开幕式。

新华社记者 朱 玉

（《人民日报》2004年9月30日第4版）

丰碑永立百姓心中

——《红旗渠精神展》参观侧记

一场秋雨过后，首都北京天空湛蓝。10月1日是《红旗渠精神展》开幕第三天，来国家博物馆参观的各界群众络绎不绝，仅下午就有3000多人。他们急于解开心中的疑惑，是什么让一群普普通通的农民在极其艰苦的条件下苦战10年，建成了举世闻名的"人工天河"——红旗渠？

谜底在展览的第二部分《千军万马战太行》开始慢慢揭开。展出的一张大照片，吸引了无数观众在前面驻足沉思。照片上两个人肩扛钢钎、锄头走在出工队伍的最前面，如果没有解说，谁也不会想到他俩就是著名的"两贵"——当年的林县县委书记杨贵和县长李贵。杨贵，这位开凿红旗渠的决策者，当时神情凝重而又刚毅，正与广大群众一起开赴最艰苦的第一线。

"干部能够搬石头，群众能够搬山头；干部能流一滴汗，群众汗水流成河。"原国务院调研室副主任姬业成在这幅照片前很是感慨，"杨贵用实实在在为人民干事的行动，在老百姓心中立起了一座永远的丰碑。"

顺着展览看下去，第二部分的结束是一幅画，画的是上百人在湍急的河水中奋力堵龙口的壮观场面。1960年春，经过一个月的苦战，红旗渠渠道拦河坝95米的坝体只剩下10米宽的龙口尚未合龙，河水奔腾咆哮，喷涌而出，500多名共产党员、共青团员跳进冰雪未消、寒气逼人的激流中，排起3道人墙，臂挽臂，手挽手，高唱"团结就是力量"，终于拦住了汹涌的河水。在他们身后砌起了底宽13.46米、顶宽2米、高3.5米的拦河大坝……

1938年就参加革命的82岁老人范中让挂着拐杖来看展览，他的心情很是激动："红旗渠精神就是无私奉献的精神，这种奉献无私到命都可以不要。共产党就是为群众无私奉献才赢得了民心！"

"那时都是共产党员冲锋在前，然后是共青团员顶上去，群众紧紧跟着我们。"在修建红旗渠中光荣地成为中共正式党员的特等劳模任羊成自豪地回忆。"排险队长任羊成，阎王殿里报了名。"曾被石块砸掉3颗牙齿，仍坚持在峭壁间作业6个小时的任羊成，如今已经75岁了，还专门来到北京担当义务解说员，他的身边始终挤满了充满敬意的参观者。

"我最佩服的就是共产党干部吃苦在前、享受在后的精神。那时领导和我们一样吃糠吃野菜。有一天我们的炊事员看杨贵书记干活太累了，偷偷给他煮了一碗小米饭。想不到他很生气，说'群众吃啥我吃啥！这米饭谁煮谁吃！'最后，这碗小米饭被倒进了锅里煮成了汤，30个人分着喝了。"每当任羊成两眼湿润地讲完这个故事时，展览大厅里都会爆发出经久不息的掌声。

人民日报记者　曲昌荣　刘维涛

（《人民日报》2004年10月2日第4版）

李长春在参观《红旗渠精神展》时强调

保持艰苦奋斗无私奉献的优良传统
推进全面建设小康社会的伟大事业

新华社北京 10 月 1 日电 中共中央政治局常委李长春 9 月 30 日下午参观了《红旗渠精神展》。他强调，新世纪新阶段，我们要大力弘扬红旗渠精神，继续保持艰苦奋斗、无私奉献的优良传统，践行"三个代表"，坚持求真务实，加快全面建设小康社会的进程。

红旗渠是上个世纪 60 年代，河南林州人民苦战 10 个春秋，在太行山的悬崖峭壁上修建的长 1500 多公里的大型水利灌溉工程，是新中国建设史上的奇迹。《红旗渠精神展》通过一幅幅图片、一件件实物，生动地再现了太行儿女不畏艰险、敢于胜利的英雄事迹，展示了林州人民艰苦奋斗、与时俱进的精神风貌。李长春仔细观看展品，认真听取讲解。他说，自力更生、艰苦奋斗、团结协作、无私奉献的红旗渠精神，是中华民族伟大民族精神的生动体现，是我们国家宝贵的精神财富。在全面建设小康社会的新形势下，红旗渠精神仍然有着重要的时代意义。目前，我国正处于社会主义初级阶段，实现社会主义现代化需要几代人、十几代人甚至几十代人的艰苦奋斗。我们要结合实际，赋予红旗渠精神以新的时代内涵，不断发扬光大，使之成为激励干部群众推进中国特色社会主义事业的强大精神力量。

李长春说，举办这个展览很有意义，是对干部群众特别是青少年进行革命传统教育的有效方式。要组织更多的中学生和大学生来参观，使艰苦奋斗、无私奉献的精神代代相传。

中共中央政治局委员、书记处书记、中宣部部长刘云山一同参观展览。

（《人民日报》2004年10月2日第1版）

人民的力量是战无不胜的

——《红旗渠精神展》参观侧记

"林县人民多奇志，誓把山河重安排！"10月2日的北京，云淡天高，金风送爽。雄壮有力的《红旗渠》歌声回荡在国家博物馆展厅里。林县人民近半个世纪前"与天奋斗，与地奋斗"的豪情感染着所有的参观者。

红旗渠工程1960年开始施工时，正是我国的困难时期，林县的男女老少还是勒紧裤腰带，热火朝天地开挖红旗渠，一干就是10年。"真的是男女老少齐上阵啊！就连小学生放学都搬块石头到工地。"解说员动情地给参观者解说着一张照片，照片上劳动者的队伍蜿蜒在巍巍太行之上。

"那个时候生活困难，没有饭吃，就派专人到处挖野菜煮着吃，肚子虽然空落落的，但没有开小差的。当时大家伙想法很简单，就是我们苦干一辈子，让后代享福！"55岁的劳模郭秋英指着展出的干野菜，深情地回忆当年情景。

"自力更生，艰苦奋斗"是红旗渠精神的精髓。展览中有这样一组数据：整个总干渠、3条干渠及支渠配套工程，共投工3740.17万个，投资6865.64万元，其中国家补助1025.98万元，占总投资的14.94%，自筹资金5839.66万元，占86.06%（其中含投工折款，一工1元钱）。

"我父亲牺牲在红旗渠工地，妈妈又把我送上了工地，当时我13岁，妈妈跟我说，'孩子啊，你爸没能引来水，你去！'"当年13岁的张买江如今已经年过半百，但说起这段往事来，声音还是哽咽了，"红旗渠水引到俺村的那天，妈妈在池塘边坐了一夜，哭了一夜。她高兴啊！"

"妈妈，他们为什么不用吊车呢？"李娜小朋友天真地发问，惹来人们一阵善意的笑声。解说员带领大家来到展厅中央，那里展出着人们当时使用的简单工具：自编的箩筐，自碾的炸药，自制的独轮车。解说员声情并茂地说："林县人民就是用这些简单的工具，10年间挖出了1696.19万立方米土石，把这些土石堆成高2米宽3米的墙，可以连接哈尔滨和广州！"

"红旗渠是怎么修成的？我觉得就是两条，领导的决策和群众的干劲，只要这个决策是想老百姓所想，为的是老百姓最需要的东西，那老百姓就舍了命跟你走。"68岁的劳模李改云难以抑制自己的激动，"林县人民缺的就是水，我们的杨贵书记不容易啊，顶住了多大的压力，冒了多大的风险？但他认准了一条，只要是能造福百姓的事，冒多大的风险都去干。那我们老百姓还有啥说的？干呗！"

"您觉得红旗渠精神对今天有什么意义？"一位大学生问正在现场解说的特等劳模任羊成。老人背后就是还原他当年腰悬粗绳在悬崖峭壁间排险场面的模型。他略一沉吟说道："我觉得，以前搞水是为了人民，改革开放也是为了让人民富起来，道理都是一样的。只要党的政策真正为老百姓着想，老百姓就有的是干劲，咱们就没有干不成的事！"

走出展厅，翻看留言簿，一句铿锵有力的话映入眼帘："人民的力量是战无不胜的！"

人民日报记者　刘维涛　曲昌荣

（《人民日报》2004年10月3日第2版）

曹刚川在参观《红旗渠精神展》时强调

大力弘扬红旗渠精神
积极推进中国特色军事变革

本报北京10月3日讯 中共中央政治局委员、中央军委副主席、国务委员兼国防部长曹刚川10月3日上午在北京中国国家博物馆参观了《红旗渠精神展》。他指出,红旗渠精神是我们宝贵的精神财富,是激励我们继续前进的精神力量。军队也要大力弘扬红旗渠精神,保持和发扬艰苦奋斗、无私奉献的光荣传统,积极推进中国特色军事变革,努力把我军革命化、现代化、正规化建设提高到新水平。

中央军委委员、空军司令员乔清晨一同参观了展览。解放军总政治部、武警部队和军委办公厅领导陪同参观。

"自力更生、艰苦创业、团结协作、无私奉献"的红旗渠精神,曾经激励千千万万的中华儿女,为社会主义现代化建设忘我奋斗。上个世纪60年代,河南省林县数万民工在极其艰难的条件下,用10年时间修建了总长1500公里的红旗渠。红旗渠建设最困难的时候,得到了中国人民解放军在物力、人力上的大力援助。

红旗渠通水40年来,共引水85亿立方米,灌溉面积8000万亩次,粮食亩产由开灌前的100余公斤提高到现在的450公斤左右,增产粮食15.9亿公斤。同时,还带动和促进了林州各行各业的巨大变化。据统计,红旗渠年净创效益4000余万元,40年来共创效益17亿元,相当于建渠总投资的23倍。红旗渠被林州人民称为"生命渠"、"幸福渠"。

　　《红旗渠精神展》自9月29日在国家博物馆开幕以来，吸引了国内外大批观众，5天时间就有6万多人前来参观。

人民日报记者　刘维涛　曲昌荣

（《人民日报》2004年10月4日第2版）

爱国主义教育大课堂

——中小学生参观《红旗渠精神展》侧记

　　30年前，多次采访过红旗渠的记者姬业成将13岁的儿子带到了红旗渠上。儿子回家后在日记中写了一句话："我再也不浪费水了！"去年，已步入中年的儿子也把自己的儿子带往红旗渠，新的两代人在新的年月里亲身体会那战天斗地的豪情。

　　像姬业成祖孙三代这样情系红旗渠的人数不胜数。红旗渠在1996年、1997年被国家有关部委确定为"全国中小学爱国主义教育基地"和"全国爱国主义教育示范基地"。近日在北京开幕的《红旗渠精神展》，给更多的人近距离接触红旗渠的机会，也吸引了无数的小观众。展厅里到处是问个不停的中小学生。

　　"为什么那时的人要吃野菜呢？""怎么他们挖石头用的都是原始的工具？"来自北京东交民巷小学的孩子们的疑问可不少。解说员告诉他们，那个年代的林州缺水喝，难得吃顿饱饭，开山掘隧的工具都是自己打造的。

　　国庆期间参观《红旗渠精神展》是北京市雷锋小学布置给学生的假期作业。9月30日下午，六年级的王蕊刚吃过午饭就和妈妈往国家博物馆赶。她们先是跟着讲解员了解红旗渠的来龙去脉。接着母女俩又从头开始，细细观看每一幅照片和实物。在"红旗渠诗抄"前，王蕊拿出笔记本边记边轻声念："红军不怕远征难，我们不怕风雪寒。饥了想想过草地，冷了想想爬雪山。渴了想想上甘岭，千难万险只等闲。为了渠道早通水，争分夺秒抢时间！""他们真伟大真有力量！"王蕊连连感叹。

"我们在这里给孩子过个有意义的生日。"9月30日，是南京小朋友杜俣祯6周岁，爸爸妈妈专门带她来这里参观。妈妈徐婷说："这个机会非常难得。现在的孩子对干旱、缺水、饥饿没有概念，看看修建红旗渠的艰苦对她珍惜现在的生活很有好处。"

来自长春的家长张智洋对此深有同感："我们以前对孩子讲过去吃不饱，他根本不理解，还说'想吃什么就买呗！'"13岁的儿子张昊驰有些不好意思："以前是不了解嘛！看了红旗渠我懂了不少。"

红旗渠精神传四海。在展厅里，有一对父女吸引了观众的目光。10多岁的女儿只会讲几个中文词，父亲说起汉语来也是磕磕巴巴的。但他们却神情庄重地跟在讲解员后面，不断提出自己的疑问。仔细询问才知道，父女俩是来自澳大利亚的华裔，父亲叫黎杰明，女儿叫黎诗颖。说起红旗渠，黎杰明很自豪："带女儿来这里就是让她看看咱中华民族伟大不伟大！""我要好好学习中文！"小诗颖一字一顿兴奋地说。

老师带学生，家长陪孩子，一批又一批的中小学生带着好奇与不解而来，带着惊讶与兴奋离去。"谢谢你们给孩子提供这么好的学习机会！"10月3日下午，带着两个外孙和一个孙女前来参观的一位姓邓的奶奶握着解说员的手，久久不愿意松开。

人民日报记者　曲昌荣　刘维涛

（《人民日报》2004年10月4日第2版）

从"战太行"到"美太行"

——看林州人如何实现"精神变物质"

　　说起红旗渠给林州带来的变化，林州人会给你讲这样一句话："60年代'十万大军战太行'，80年代'十万大军出太行'，90年代'十万大军富太行'。""再加一句'十万大军美太行'吧！"在国家博物馆举行的《红旗渠精神展》上，欣赏着一条"人工天河"悬挂于重山绝壁间的林州美景，71岁的赵化老人喜不自禁。赵化是大型纪录影片《红旗渠》最早的拍摄者之一，从1960年开机，中央新闻纪录电影制片厂对红旗渠建设跟踪拍摄了10年，赵化也见证了林州的巨变。"当年那里可是'光岭秃山头，水缺贵如油'。现在你看，满眼都是绿！""美太行"的资金来自"出太行"。党的十一届三中全会后，修建过红旗渠的大批能工巧匠走出太行山，奔赴全国各地搞建筑业，形成了"十万大军出太行"的强大阵容。现在林州人银行存款余额的70%来自建筑业；农村剩余劳动力的70%从事建筑业；农民人均纯收入的70%来自建筑业。《红旗渠精神展》开幕以来，每天都有近百名林州籍建筑工人来这里感受家乡的荣耀。目前林州在北京的建筑工人已经达到2万多人。林州建筑工程三公司总经理李林安1982年就来到北京，"修建红旗渠给林州留下了大批能工巧匠和高超的建筑技术，更重要的是父辈艰苦奋斗的精神一直在激励着我们，使我们不敢有一丝懈怠！"林州建筑人始终不忘红旗渠精神。"每周的安全教育课上，我们都请当年修建过红旗渠的老一辈给年轻人讲红旗渠精神。它可是我们的魂！"

展厅中，林州建筑工程三公司副总经理秦保义做起了林州建筑的宣传员，"北京亚运村、北京西站、国家图书馆、中国大剧院都有我们的工程。一说起是当年修红旗渠地方出来的队伍，人家就特别信任我们。我们要求员工，谁都不能砸了这块牌子！""饱了肚子，挣了票子，换了脑子，有了点子，走出了致富的新路子。"这"五子登科"是中共中央政治局常委李长春对林州建筑业的形象概括。而建筑业取得的成就只是林州发展的一个缩影。

　　2003年的林州，农民人均纯收入2904元，比全国平均水平高出282元；综合经济实力位居河南省各县（市）第12位；金融机构各项存款余额连续23年居河南省各县（市）之首。"这就是我们常说的'精神变物质，物质变精神'吧！"林州籍的国家博物馆退休职工张树金面对家乡的巨大变化感叹不已。确实，从"战太行"到"美太行"，林州人成功地实现了这种转变。

人民日报记者　曲昌荣　刘维涛

（《人民日报》2004年10月6日第2版）

"青年洞"前话理想

——青年人参观《红旗渠精神展》侧记

提起红旗渠，不能不说青年洞。红旗渠要从陡峭如切的狼牙山悬崖绝壁上穿过，必须凿通一条长达600多米的隧洞。坚硬如钢的石英砂石，一锤下去，只能留下一个斑点。

被称为红旗渠咽喉工程的青年洞工程于1960年2月开始动工，当年10月因自然灾害和国家经济困难，上级决定农民生产自救，总干渠被迫

学生参观青年洞　李安/摄

停工。为早日将漳河水引入林县，建渠干部群众提出"宁愿苦战，不愿苦熬"，并挑选了300名青年组成突击队，背着领导坚持继续施工。当时每人每天只有六两粮食，为了填饱肚子，就上山挖野菜，下漳河捞河草充饥，以愚公移山精神，终日挖山不止。他们创造了"连环炮"、"瓦缸窑炮"等方法，使挖山日进度由0.3米提高到2.8米，终于在1961年7月15日将洞凿通。因参加凿洞的突击队是从全县民工中抽调出来的优秀青年，故将此隧洞取名"青年洞"。

在国家博物馆举行的《红旗渠精神展》上，来自各地的年轻人纷纷在"青年洞"前拍照留念。北京一家饭店的服务员崔卫峰利用国庆唯一的一天假期来看展览。他说："那一辈青年人艰苦奋斗，为子孙创造了良好的生活条件，我们应当珍惜并更加努力工作！"

在红旗渠修建工程中，不少年轻人献出了宝贵的生命。"10年里，一共有81人倒在了工地上，他们可多数都是风华正茂的年轻人啊！"说起他们，原林县县委书记杨贵心情异常沉痛和惋惜。

林州人永远记得这样一个名字：红旗渠总设计师吴祖太。吴祖太的母亲病故时，他仍然在工地上。他身怀六甲的妻子料理完老人的后事，因舍己救人牺牲。没过多久，王家庄隧洞工程发生塌方，这位当时少见的水利学校毕业生又献出了自己年仅27岁的生命。

在吴祖太烈士的照片前，很多大学生都陷入了沉思。连日来，已经有6000多名来自北京大学、清华大学等各地高校的大学生前来参观。"我已经报名到西部当志愿服务者。年轻人应该到祖国最需要的地方去贡献自己的知识和力量。"北京航空航天大学的女学生张立伟坚定地说。

"蓝天白云做棉被，大地荒草当绒毡。高山为我放岗哨，漳河流水催我眠！"当年红旗渠青年人的豪迈与乐观，深深感染了正当立志的大学生们。"到最艰苦的地方去！""发扬自力更生、创新求实精神，用知识和智慧建设家乡！"留言簿上，大学生们的激昂话语道出了当代中国青年的心声。

人民日报记者　曲昌荣　刘维涛

（《人民日报》2004年10月7日第2版）

外国人眼中的红旗渠

——海外朋友参观《红旗渠精神展》侧记

"这个工程太伟大了！修建工程的人民太伟大了！"一位法国人和一位德国人在展厅由衷地竖起了大拇指。《红旗渠精神展》开幕以来吸引了大批的外国参观者，当他们得知红旗渠是从悬崖间"抠"出来的一条渠时，脸上都露出了惊讶的表情，用不同的方式表达自己的震惊和敬意。

红旗渠通水以后，周恩来总理对人民群众的这一惊人创造感到非常自豪，他经常对外国友人说这样一句话："新中国有两个奇迹，一个是南京长江大桥，一个是林县的红旗渠。"1968年，周总理在一次关于外事工作的谈话中说："第三世界国家的朋友来访，要让他们多看看红旗渠是如何发扬自力更生艰苦创业的精神的。"

1970年，林县被批准为对外开放县，仅上个世纪70年代前来红旗渠参观的外国友人就达11300余人。1974年，时任国务院副总理的李先念陪同赞比亚总统卡翁达前来参观，因山路陡峭不敢前行而被抬上青年洞的卡翁达感慨不已："太伟大了！感谢毛主席和周总理为我安排了这么好的参观项目，我建议所有的发展中国家都来看看你们的红旗渠！"

中国人民的这项伟大创造已不止是自己的财富。《红旗渠》纪录片最早拍摄者之一赵化老人激动地向我们回忆，上世纪80年代中期，他前往非洲考察时，包括埃塞俄比亚、苏丹在内的许多国家仍在放映纪录片《红旗渠》。"他们对我竖大拇指，说'中国人太伟大了，我们要学习中国人劈山引水、自力更生的精神！'我当时深深为自己是中国人民的一员而自豪！"

"毛主席是一位伟大的领袖！"来自荷兰的布莱恩兄妹分别为71岁和61岁，他们早就对毛泽东主席心怀崇敬。原林县县委书记杨贵扛镐走在出工队伍最前面的照片更引起了他们的兴趣。他们争相表示：领导人很棒，人民才有信心，才有榜样。一位来自大连水产学院的日籍老师长时间凝视着一幅巨型照片，照片上，成千上万穿着青布棉袄的老百姓围在渠边，欢庆红旗渠通水。他指着一位老人的笑脸说："有个中国成语叫心花怒放，就是这样吧？可以看出，这个工程是深得民心的，要不然，完成这样的工程是不可能的！"

柳贤楠和尹守荣是在中国传媒大学学习汉语播音的韩国留学生，她们用不怎么流利的汉语向我们表述，由于对中国的了解，她俩对中国的近现代史很感兴趣。她们觉得，红旗渠展现了中国人的坚强。

"wonderful！""great！""beautiful！"在《红旗渠精神展》展厅，这些是人们听到最多的英文单词。近半个世纪前，中国人民仅凭简陋工具和自己的智慧创造的奇迹，在现代化工具层出不穷的今天，仍然魅力不减，震撼着不同肤色的人们。

人民日报记者　刘维涛　曲昌荣

（《人民日报》2004年10月8日第4版）

群众最关心的事就是大事

——原林县县委书记杨贵谈正确的政绩观

《红旗渠精神展》期间，克服重重困难坚持带领群众修渠的原林县县委书记杨贵成为广大观众仰慕的对象。10月7日，我们在北京方庄的杨贵住所采访了这位满头银发的76岁老人。

记者：当年有人说您主持修红旗渠是搞政绩工程，是秦始皇修长城。您怎么看这种想法？

杨贵：工作中不管给我戴什么帽子，我只认准一条，老老实实工作就行了。林县祖祖辈辈缺水盼水，共产党再不解决这个问题就对不住老区人民！尽管压力很大，但我还是顶住了。而且以后的实践也证明，修渠完全符合群众的长远利益。

记者：在困难时期动这么大的工程，您有把握吗？

杨贵：我15岁就参加抗日，战火中我琢磨出这样一个道理：实事求是、知己知彼才能战无不胜。修渠时我们手里有300万元经费和3000多万斤储备粮可以动用。工程动工前都是实地考察过的，而且是边干边测量，边调整施工方案。1960年，开工刚20天，战线太长，工期太慢，我们就适时确定了分段攻坚的策略。一段渠先通了，群众看到水后干劲就更大了。应该说，整个工程我们都是对群众负责，对自己负责的。

记者：三年自然灾害期间，全国吃粮普遍严重困难，林县怎么还会有余粮呢？

杨贵：这应该得益于我们的实事求是。1958年大跃进的时候，县里上报的粮食实际亩产是125斤，而有的县则报500斤甚至1000斤。吹得越凶的，收"征购粮"后就越困难。1958年秋后，上面命令土地要深翻1米。我一想，这不是瞎指挥嘛！就让群众只翻十几公分，结果我们的秋种都按时完成。可有的地方还有30%的土地没有来得及播种。第二年我们不但没断粮，还专门拿出1000万斤粮食来支援灾区！还是实事求是好啊！

记者：您是否觉得做大事才是大的政绩？

杨贵：我觉得不是。我一直信奉一句话：群众最关心的事，就是大事。林县1200多个村子，大部分我都去调查过。一次到一个叫四方脑的山村，睡到半夜忽然觉得背上火辣辣地疼，打开灯一看：屋子里密密麻麻爬满了臭虫！一问才知道臭虫是村子里的大害，有的村民只能到街上睡觉。我马上叫来县医院医生，彻底根治了虫害。多少年了，那个村的人见了我仍然会说："你给我们除了一大害啊！"可见真的是群众利益无小事。

记者：您认为怎样的政绩观才是正确的？

杨贵：说到底，就是实事求是为群众办实事。如果只做表面文章，会很危险，群众会对你丧失信心的。以胡锦涛同志为总书记的党中央提出立党为公，执政为民，十六届四中全会又提出加强党的执政能力建设，我觉得很及时，很受鼓舞，领导干部就应该从群众的根本利益出发，切实解决他们关心的问题。抓住了这一点，我们的党大有希望！

人民日报记者　刘维涛　曲昌荣

（《人民日报》2004年10月9日第4版）

红旗渠：为民执政的丰碑

连日来，随着络绎不绝参观的人群和新闻媒体的大量报道，《红旗渠精神展》成为首都北京的一个亮点，并在人们心中形成一个共识：时代需要弘扬红旗渠精神。

毫无疑问，红旗渠已经成为一座丰碑。正如红旗渠精神本身具有丰富的内涵一样，红旗渠这座丰碑，也是一座无字碑：它是一座自力更生、艰苦创业的丰碑，也是一座团结协作、无私奉献的丰碑，更是一座为民执政的丰碑。

只有为民执政，才能真正把百姓的疾苦放在心上，做出惠及60万林县百姓的重大决策。在当时的河南林县，县委书记杨贵是主要的负责人之一。这位从枪林弹雨中闯过来的太行山的儿子，是"怀揣着改变山区面貌、造福林县人民"，实际上也就是"为民执政"的愿望和理念来当县委书记的。他像当年带队打仗一样，率领调查组翻山越岭"摸大自然的脾气"，终于弄清楚：水是制约林县人生存和发展的最大障碍，千百年来，饱受缺水之苦的林县人想的是水，盼的是水，梦的还是水。缺水成了群众的心头之患，也成了领导者的心头至痛，因此，杨贵决心"把天上水蓄起来，把地下水挖出来，把境外水引进来"，这才促使了林县县委作出修建红旗渠的重大决策，最终使红旗渠成为"一渠水、一渠浪、一渠电、一渠社会主义的蜜"。

只有为民执政，才能真正树立正确的政绩观，以百姓的福祉为最大的政绩。对于共产党的执政者来说，能不能树立正确的政绩观，关系到一个人的思想作风、工作态度。而为民执政的思想和理念，又是正确政绩观的核心和基础。从杨贵的经历看，他在林县当了10多年的县委书记，与县委一班人带领几十万林县群众，耗时10载，在险滩峡谷中修建了全长1500多公里的大型水利灌溉工程，不愧是为民执政、确立正确政绩观的典范。作为县委书记，能够在自然、经济、政治环境都不太好的条件下，以自己10年心血换一渠之成功，确实难能可贵。何况，修渠能否真正成功，成功之后能否公正评说，在当初并不完全肯定。但正是有了为民执政的坚定决心，他才把一切个人得失置之度外。这和时下一些人好大喜功、急功近利、习惯做表面文章、热衷搞形象工程的作风形成鲜明对比。

只有为民执政，才能真正得到人民群众的拥护，使正确的决策变成现实。修建红旗渠是林县县委的决策，在当初极其艰苦的条件下，几十万林县人民为什么能够不怕流血牺牲、不惧严寒酷暑、不怕旷日持久地落实县委决策拼命修渠呢？说到底还是因为这是得民心、顺民意、解民忧、去民愁的好决策。事实证明，只有为民执政，领导者的决策才会受到群众最大限度的支持，领导者也才能受到群众的拥护。"文革"中，杨贵被打成"走资派"撤职罢官，林县群众却暗中保护他，给他兜里塞鸡蛋，往他怀里揣烙饼，都是因为他是一心一意为人民而工作的。

当初杨贵下决心修渠时思考最多的一个问题是"为谁修渠、靠谁修渠"。新的历史条件下，中央领导同志指出党的领导干部都要认真思考"为谁执政、靠谁执政"。红旗渠作出了回答：立党为公，执政为民，我们的党就会永葆青春。

红旗渠，一座为民执政的丰碑。

常　青

（《人民日报》2004年10月14日第4版）

共产党和红旗渠

《红旗渠精神展》是一个震撼人灵魂的展览。

看了《红旗渠精神展》，引发出许多感想。想得最多的是共产党和红旗渠的关系。红旗渠向我们展示了这样一个真理：共产党能够领导人民办大事。它的前提条件是：办的事必须符合广大人民的利益，必须依靠人民并与人民同甘共苦。否则，将举步维艰，一事无成。

林县是老革命根据地，共产党同林县人民早就建立了血肉联系。解放后，林县人民从政治上翻了身，但缺水问题仍然是林县人民心头的一个大愁。因为缺水，百十万亩耕地有灌溉条件的只有1%，十年九旱，大旱绝收。因为缺水，人们没有蔬菜吃，没法洗澡洗衣，连洗脸水都不舍得倒掉，许多村庄吃水要到几里、十几里外去找。缺水成了影响林县经济建设和人民生活的最大障碍。

林县人想水盼水几百年。林县的共产党人看到了这一点，急群众之急，想群众之想。经过调查研究，决定"引漳入林"。县委会作出的这个决定，得到广大人民的热烈响应。

在修建红旗渠的整个过程中，林县共产党人始终走在前面。从县委书记、县长到各级干部，都带头扛起工具与群众一起干。林县的群众说得好：干部能够搬石头，群众就能搬山头；干部能流一滴汗，群众的汗水流成河。干部和群众心往一处想，劲往一处使，汗往一处流。全县的共产党员、各级干部差不多全都到工地劳动过。冬天，干部把房子让给民工住，自己住工棚或山洞。粮食缺的时候，干部把馒头让给民工吃，自己吃糠菜。县委书记杨贵曾因挨饿晕倒在工地上。最困难的活，最危险的地方，差不多都是党团员和干部先冲上去。除险队队长任羊成每天凌空打钎、飞崖除险，飞石把三颗门牙砸倒。他用钢钎把牙别正，又接着干。这样的共产党员称得上是钢铁炼成的人。面对这样的党员和干部，群众咋能不佩服，咋能不跟随。有了这样融洽的党群关系、干群关系，咋能不出成果，咋能不创奇迹。共产党员领着人民办好事、办大事，人民咋能不拥护共产党。

红旗渠的修建是共产党执政能力的一次展示。党的十六届四中全会提出加强党的执政能力建设，这是一个重要的历史命题，每个党员、各级党委都应作出回答。现在，许多地方的共产党员、干部都想出政绩，这是好事。当干部就是要造福一方，做党员就是要建功立业，不然就枉当干部，白做党员了。但必须有正确的政绩观，一要办人民群众需要的事，不要摆花架子、搞面子工程；二要亲自带着群众去干，不要光想着捞好处、立功德碑。功过得失，人民自有公论。共产党员一不为名二不为利，为的就是让人民群众都过上好日子，让中国强大起来。

岁月无痕，红旗渠如碑。红旗渠在河南林县，但红旗渠精神属于全国人民，是中华民族的精神瑰宝。我们的时代我们的党，我们的人民和干部，都特别需要弘扬红旗渠精神。伟大的事业需要伟大的党。在中国共产党领导下，我们一定能够办成更多大事，创造更多奇迹，把国家建设得更强大，使人民生活更幸福。

姬业成

（《人民日报》2004年10月15日第4版）

红旗渠见证民族精神

红旗渠是在上世纪60年代，我国国民经济十分困难的情况下，林州人民发扬"自力更生，艰苦创业、无私奉献"精神创造的一大奇迹，几十年来成为鼓舞中国人民的重要精神力量和民族精神的象征。

随着文明的进步和社会经济的发展，红旗渠作为特定历史时期的产物，对人类的影响将越来越深远。最近两年重新掀起的红旗渠热就是一个证明。红旗渠不仅创造了一种精神，而且具有普遍为人认可的重大历史、人文、美学、工程学等价值，建议将红旗渠申报世界文化遗产。

联合国在《保护世界文化和自然遗产公约》中，对文化遗产的定义有文物、建筑群、遗址三条，其中"遗址"的定义是：从历史、美学、人种学或人类学的角度来看，具有突出的普遍价值的人造工程或自然与人类结合工程以及考古遗址的地区。

从古今建筑、水利工程的世遗先例看，长城是中国也是世界上修建时间最长、工程量最大的一项古代防御工程，是我国首批世界文化遗产。现代建筑侵华日军南京大屠杀遇难同胞纪念馆扩建后将申报世界文化遗产。著名的古代水利工程都江堰被评为世界文化遗产。被称为人工天河的红旗渠工程，也可以考虑申报世界文化遗产。

红旗渠美学观赏价值很高。红旗渠处在太行山悬崖峭壁间，高大的山崖岿然耸立，有些甚至呈倾塌之势，巍峨险峻。站在渠岸，给人巨大的感染力和震撼力。

　　红旗渠是人文精神的见证。当年，没有专家、没有设备，完全用土法施工，民工在吃住用异常困难的情况下，修建这样伟大的工程，令世人惊叹！红旗渠的人物、红旗渠的故事，都成为我国人民宝贵的精神财富。红旗渠工程建设过程中产生的红旗渠精神影响深远。是新中国成立以来，在各个历史时期鼓舞中国人民斗志的精神力量，是民族精神的一个象征。

　　经过多年努力，红旗渠已有相当高的知名度，纪念性场馆和资料有一定的基础，而且红旗渠作为当代建筑，挖掘开发成本很低，展示效果好。

河南省安阳市政协常委　赵河铭

（《人民日报》2006年8月4日第13版）

壮哉红旗渠

　　穿过十万座大山，绕过十万道沟坎，车子缓慢行进在巍巍太行山脉。蒙蒙细雨，早春阴翳的天空下，到处还都是一片土黄色荒凉。大地雄健的生机，正沉默在路两旁坚硬剽悍的山体岩石下，静待暖意的绽放。长时间一成不变的景致，导致双眼有些疲倦。正收拢目光想要小憩片刻，突然听到同车的人喊：看呐！红旗渠！不由得一个激灵，迅速坐直身姿，将双眼向窗外打量。

　　"哗——"！一道辽远雄阔的天河，蓦地展现在眼前！仿佛一条清丽的飘带，悬挂在巉岩壁立、万仞摩天的山间，盘桓于崇山峻岭之中，逶迤于奇峰幽谷之下。但听得河中水流潺潺，但见那堤上巨石垒岸。其势婉转舒展，其状宛若通天。天河一路跨省越界，源山西，望河北，奔河南，含王气，走龙蛇，威武不屈，气吞万里！

　　谁持彩练当空舞？真个是师造化，夺天工，迢迢银汉，人间天上，谁人到此能不震撼？！

　　下车，逆着河水的走向，步上渠岸，用双足丈量它的每一块石头，双眸凝视它每一滴珍贵水滴。冰凉的青灰色花岗岩，浸透着经久岁月铸就的霸气，寒光闪闪；墨绿色的悠悠河水，浮动艰难时世人民劳作的古朴沧桑，嘹亮悠然。那贵如油的水啊！就从遥远的山西浊漳河高处截来，按照河渠开凿出的走向，乖乖的九曲盘桓向河南林州大地下游流去。沿途千亩农田得到了它的灌溉滋养。

这就是举世闻名的红旗渠啊！你雄阔的分水苑，壁立千仞的青年洞，群峰耸峙的络丝潭……每一处工程节点，都构成一个景观，都令人唏嘘感动、叹为观止！这个跟大山较劲、跟老天爷叫板，在没有桥的地方筑桥、在没有水的地方引水，在寸草不生、鸟飞不过、兔子不拉屎的悬崖峭壁上开山掘洞、凿壁穿岩修出的水利巨龙；这个用民间炸药一炮一炮炸出来的、用冰冷钢钎一钎一钎凿出来的、用剽悍铁锤一锤一锤砸出来的、用太行山的花岗岩一块一块垒起来的、一条翻山越岭、绵延1500公里的人工天河！将近半个世纪以来，你流淌出的是怎样一曲人类精神意志的坚强颂歌！

红旗渠，20世纪60年代中国农民手工创造的一个奇迹！越走近你，我愈发惊叹你的浩瀚，你的博大，你的辽远，你的准确，你的精密！你的工程复杂艰巨程度，在当时物质生产力状况十分低下的情况下，简直是不可想象，不可思议，非人力所能及！你的雄心在当时却只能算是痴妄，你的狂想却完全是由于生存所逼，完全是被恶劣的自然环境给逼出来的。生活在这块贫瘠土地上的老百姓，千百年来饱受干旱困扰，逢大旱之年流离失所逃荒要饭已成家常便饭。几朝几代过去，彻底改变老百姓生存状况的举措，历代封建统治者没有干，蒋介石的腐败国民政府也没有干。只有共产党领导的新中国，才能真正关心老百姓疾苦，才能真正把人民冷暖放在心上，只有共产党的基层领导干部，才能真正与人民同呼吸共命运，才能千方百计想着彻底改变土地干旱面貌，兴建"引漳入林"工程，让人民真正过上好日子。

……战天斗地求生存的炮火硝烟早已散去。40多年后一个宁静平和的春天早晨，我怀着景仰的心情，来朝拜这个比我的出生年月还要久远的红旗渠。悄然走过红旗渠绕山几千米细长平整的河堤，来到气势险峻的虎口崖下，看红旗渠水从凹陷的山崖当腰穿流而过。仰望高崖，头晕目眩。只见那尖耸利崖刺破苍穹，崖头的巨石悬空向外突兀10多米，像往外伸长探着的老虎嘴。它的脖子以下，怪石嶙峋，从喉结到胸腔一点一点往回收缩，上面的岩崖就形成一种奇怪的顶盖帽檐之势。红旗渠，则恰好镶在它凹陷的肚囊里。这样的位置，看起来十分令人恐惧，突起的帽檐巨崖似乎随时都能掉下来，一家伙把底下的人砸扁！即便是静止站立仰望，都会觉得眩目胆颤，想当年，人们又是怎样炸开凿空它的肚腹，又用一块块崩下来的石头砌成拦腰弯曲的渠道？！稍有不慎，崖头震落，就将有灭顶之灾啊！它的施工难度，由此可见一斑。当年的排险英雄任羊成，正是在这里，手握钢钎，腰系一根缆绳，在崖上飞来荡去荡秋千，不断除掉被炮崩落的险石。开山凿石的民工们，也都采取同样一种缆绳缠腰凌空作业姿势，锤和钎一锤一钎地凿，土炮一炮一炮地崩，小心翼翼地施工着。倘若缆绳不小心被崖石磨断了怎么办？倘若炮捻点燃后提前爆破、而缆绳还没有被完全拽起、人还没能撤离到山头该怎么办？

　　无数个猜想和担忧，都被如今红旗渠的实绩所解答和驱散。唯有牺牲多壮志，敢叫日月换新天！虎口崖的崖壁上，至今留有当年修渠民工的豪迈誓言："崖当房，石当床，虎口崖下度时光，我为后代创大业，不修成大渠不还乡"。人，不能没有信念，更不能没有信仰。有什么东西比信念更重要、比信仰更有力量？"虎口拔牙"的排险英雄任羊成，被滚落的飞石崩掉两颗牙齿，把血水往口里一咽，仍然坚持战斗在崖壁上，直到将最后一块险石除完；修建红旗渠总干渠咽喉工程青年洞的300名青年突击队员，在1960年那个自然灾害困难时期，没有粮，吃不饱肚子，就挖野菜、捞河草充饥，很多人得了浮肿病，仍坚持挖山不止。奋战一年零五个月，终于打穿了太行山腰，凿通了长616米，高5米，宽6.2米的隧洞，使红旗渠水顺利流过。1973年全国人大常委会副委员长郭沫若为此工程亲笔题写了"青年洞"洞名。

勤劳质朴的林县人们，历时10年时间，动用30万劳力，在无任何机械设备援助的情况下，全部是农民，完全是土法上马，靠手工原始劳作，一钎钎、一锤锤，硬是打造出举世无双的大型水利工程，硬是创造出堪与万里长城齐名的世界第八大奇迹！红旗渠不仅是水利工程学的奇迹，也是建筑美学的奇迹。如今，40多年时间过去，渠坝上的每一块石头都森严壁垒严丝合缝，每块巨石表面道道修饰性的水波纹图案都凿得一笔一画，美观齐整，毫不懈怠马虎。这样坚固美丽的工程，在如今这个物质丰稔、机械化电子化高度发达的时代，也得尽一百倍一千倍的监理才能做到。可以想见，那个时代，那个物质极度匮乏、精神信仰单纯的年代，人们对生命、对生活的态度何其严肃、庄重，人们对于美、对于永恒的追求何其刻苦、执著！

红旗渠，你这奔流不息滋养太行大地的生命河啊！晚辈后生只能向这一块块坚硬的石头行注目礼，向悠悠的河水鞠躬致意！红旗渠，你是人类精神意志的伟大胜利。你在用花岗岩的坚硬、在用滔滔不息的流水告诫我们说：人，总是要有一点精神的！

徐　坤

（《人民日报》2009年5月23日第8版）

钱学森的百姓情怀

我亲爱的堂兄钱学森怀着对祖国人民深深的眷恋之情，静静地走了。他对祖国人民的这份情、这份爱就像一团永不熄灭的圣火，始终在他胸中燃烧，并化为壮我中华、富我民众而奋斗不息的力量。中国今日之强大是和以钱学森为代表的一代英杰的无私奉献分不开的。

连日来，我悲痛欲绝，泪如泉涌，多少话不知从何说起，暂以一段往事的回忆，聊寄我无尽的哀思。

钱学森非常钦佩那些不等不靠敢于与贫穷落后做斗争的普通百姓，我时常见到他每谈起这些事情就心潮起伏，极为动情。记得那是1994年2月的一天，北京乍暖还寒，钱老约我们几个人来到他的身边。我以为他会像往常一样，开门见山就和我们谈工作、谈学术、谈他正在思考的一些艰深的科学问题，所以我在他的客厅里刚一坐下，就急忙打开笔记本准备速记；没想到，这一次他老人家一开口和我们谈的竟是一座真山、一座大山——太行山。

他手指着《人民日报》上穆青的长篇报道《两张闪光的照片》让我们看，只见照片上的人都是用一根绳索捆住自己的腰部，吊在悬崖峭壁上，手中紧握着长长的撬杠，仿佛正在踢来荡去。我不觉为之捏了一把汗，心里想，太悬了，这人不要命啦！怎么回事？只听钱老说："这是一篇关于'红旗渠'的报道，作者穆青多次去太行山，他和当地农民感情很深，所以写的东西真实动人。"我知道钱老对穆青一直都很赞赏，他最喜欢读穆青笔下的"焦裕禄"、"王进喜"等英雄人物篇。

钱老接着说:"'红旗渠'这件事情过去咱们都听说过,昨天我反复读了这篇通讯报道以后,想了很多。你们看,林县的60万农民在那么艰苦的环境下顽强战斗十个春秋,硬是用双手握住撬杠、镐或钎奋力劈开了太行山,从70多公里以外的山西省引入漳河水,彻底改变了自己的穷困面貌。这是多么了不起的事情啊!"说到这里,钱老好像又看到了林县农民们在县委书记杨贵的带领下,正在奋战的情景,从而为他们这种自力更生、艰苦奋斗、排除万难、不怕牺牲的伟大精神深深地感动着。

提起"红旗渠",我记得周恩来总理曾经说过:"这是新中国建设史上的一大奇迹"。但是,当我把目光从《两张闪光的照片》移到钱老的脸上时,我发现在他那由于过分激动而泛出红晕的脸上掠过一些倦意,好像是缺觉了。咦,他一向早睡早起,睡觉质量很高,为什么没睡好呢?我猜想可能是昨晚他读了"红旗渠"以后,思绪万千,彻夜难眠,不仅为林县农民大无畏的英雄气概所感动,也为曾经陷入苦难的农民兄弟而动情了……

果不其然,钱老指着照片上的一个人继续给我们介绍说:"他叫任羊成,当时因为每天吊在悬崖上清除山体爆破后的险石,腰里都勒得血肉模糊了,他们就是这样不怕苦、不怕死地干的……"当我再一次盯住这两张闪光的照片仔细观看时,只听得钱老轻轻地叹息了一声,语调沉重地说:"农民太苦了!过去林县这个地方山高坡陡,土薄石厚,十年九旱,吃点水都要来回攀爬几十里山路,种田当然很困难,能有糠菜半年粮,就算好年景了。恶劣的自然环境和生活条件,使得这里的不少农民都得了皮肤病、'大脖子'病、食道癌等地方疾病……"钱老的语声渐渐有些低沉。

我惊叹钱老对林县百姓的苦情竟是如此地了如指掌,禁不住自言自语地随着他说:"看来他们那儿缺碘,又长期缺医少药,唉,农民活得太苦了！"钱老点了点头，更为动情地说："遇到大旱年景地上颗粒无收，许多农民就在这荒山野岭里慢慢地冻饿而死了。"话音未落，他哽咽了，只见钱老抬眼望着阴冷的窗外，仿佛听到了百姓沉痛无奈的呼声，探测到人民苦难的深渊，心里十分难过，禁不住眼里噙满了泪水。

我不由得心头一颤，说实在的，钱老这位"两弹一星"的元勋、世界级的大科学家，虽一向比较严肃，但也是个乐观的人，和我们在一起时总是兴致勃勃地谈今论古非常快乐，没想到这一天，当他老人家触摸到普通百姓的疾苦时，竟流露出如此深切动人的情怀，我一时不知所措，便慌乱地安慰他说："现在他们都好过了，有了'红旗渠'他们吃水种地都不愁了……"再往下，我也不知该说些什么才好，那一刻，我们都沉浸在林县农民曾经的苦海里，许久，大家默默无语。

可能是因为我曾经亲身感受到过钱老对普通农民的深情与关注，以及他对"红旗渠"精神的高度赞扬，五年后的一个秋天，忽然得知在中国历史博物馆举办《红旗渠精神》大型展览会，我立即放下手头一切事情，急急忙忙赶往天安门东侧的展览大厅，想近距离地再一次接受这伟大精神的洗礼。

展览大厅里回荡着"定叫山河换新装"的背景音乐，展厅四周布满了历史照片、部分实物、沙盘模型、录音录像等展品，谱写着林县人民在共和国经济最困难的时期里"肩负起人民重托"、"千军万马战太行"等的动人篇章。

当我认真听取讲解员讲解时，忽然发现这位老讲解员与背后展示的相片上那位抡着大锤的年轻姑娘长得很像，便禁不住冒昧地问了一声："你就是那位铁姑娘队长郭秋英吧？"没想到她淡淡地一笑，默认了。顿时，展厅里响起一片惊叹之声，大家不约而同地把目光投向她那张黑红的笑脸上。

然后，我随着观众在林县人劈山凿渠时用的工具、穿的服装等实物之间慢慢移动着，蓦然抬头看去，嗬，多年以前钱老指给我们看的那"两张闪光的照片"，正大大地张贴在展厅的北墙上！照片前有十几位观众和记者围着一个60岁上下的男子；这男子一脸英气，正在比比划划地讲着什么。这时，突然有人惊喜地喊道："任羊成！任羊成！"我赶紧凑上前去一看，呵，这就是全国劳动模范任羊成！我暗自庆幸不虚此行。

当我最钦佩的人忽然出现在眼前时，不知怎的，我心里特想看看他腰部的伤疤，问问他那一圈"老茧腰"是否已经长好？这时，可能早已有人向他提出了类似的问题，只听见这位朴实的农民谦虚地对大家说："没什么，没什么。"他边说边快步走动着，我紧紧跟着他，仔细端详他那副坦然无惧的样子，不禁暗暗地思忖，人们都说："除险英雄任羊成，阎王殿里报了名！"而他舍身抢险十年后，仍然英姿焕发地站在这里话当年，很可能是因为他浑身是胆，阎王爷也惧他三分，不敢收留他。真是个可敬可爱的人啊！

接着，我独自停留在林县农民开凿"红旗渠"的录音、录像里时，整个身心被这种为了摆脱穷困而团结奋战、不怕牺牲的精神强烈地震撼着，我一遍又一遍地反复观看，希望这种可贵的精神能够永远融入我的心灵，带我走向崇高的境界，因而，久久不愿离去。

直到傍晚，成千上万的观众已逐渐散尽，这时，我忽然看见从外面走进一位身材高大、满头银发的老人，他身着整齐的中山装，腰板挺直，精神矍铄。大厅里的几个工作人员立刻迎上前去，恭敬地陪着他顺序参观。我也悄悄地混入其中，想最后再听一遍讲解员的动人解说。没曾想，那位身着红色衣裙年轻秀丽的讲解员姑娘仰望着老人，忸怩地叫了声"杨书记！"就不好意思讲下去了。

我一听她叫"杨书记！"嘴里不觉流出了心中的话："是林县县委书记杨贵？"旁边立刻有个声音纠正我说："不对，他是安阳市委书记！"我无心争辩，正在纳闷，没想到这位高个儿的白发老人很快低下头凑到我的耳边小声说："我是安阳市委书记兼林县县委书记。"他故意在"兼"字后面停顿了一下，说完，我们一起都笑了起来。原来眼前这位慈眉善目的老人就是钱老深深敬仰的老英雄杨贵啊！

我脑子里立刻回想起杨书记那句"头可断，血可流，修不成水渠誓不休"的铿锵有力的誓言，也闪现出他年轻时戴着黄色安全帽，穿着蓝布装，扛着大铁镐，带领大家风餐露宿、劈山筑渠的情景。我激动极了，好像是"追星族"遇到了自己最崇拜的偶像，寸步不离，总想从他那伟大的精神宝库中再多淘到些珍宝。

无奈，天色已晚，我只得依依不舍地走出了《红旗渠精神》展览大厅，抬眼望去，只见长安街两旁华灯初上，犹如千万朵白玉兰含苞待放，映照着中南海的绿树红墙，我的耳畔仿佛又一次响起了钱老那句至理名言："中国人很聪明，又最能吃苦，只要领导得好，什么人间奇迹都能创造！"

此时，我也更深切地感触到了钱老无尽的情与爱早已和这块多难的土地、英雄的人民融合在了一起。所以他能够为了使祖国摆脱贫穷落后和苦难，使中国人民过上有尊严的生活，而殚精竭虑，呕心沥血，奋斗一生，奉献出自己的全部智慧和精力。

钱学敏

（《人民日报》2009年11月18日第20版）

乡土中国树立的精神丰碑

——评话剧《红旗渠》

自上世纪60年代以来，河南林县人民历时10年在太行山上修建的"人间天河——红旗渠"，一直是当代作家、剧作家创作的重大题材。在人们心中，红旗渠已进入到文化层面，成为民族胆识和民族精神的一种象征。所以，写红旗渠就是写一种品格、一种文化。由杨林编剧、李利宏导演、河南省话剧院创作演出的话剧《红旗渠》，正是抓住了红旗渠的魂灵，把它当作一个时代的精神谱系书写，把艺术视角投向了人的文化心理层次，让我们在欣赏这片乡土的素朴风貌和文化色彩的同时，也看到了编剧和导演对"红旗渠"这个老题材作出的新解读。

提起红旗渠，不能不提到县委书记杨贵和林县人，以及他们所立足的这片乡土。人们不会忘记，这片乡土的底色是缺少光泽的。虽然它延续着一代又一代生命，承载着一处又一处村庄，但在它的深处埋下了祖祖辈辈难以撼动的贫穷之根。该剧一开始，就让人们面对这块贫瘠之地。杨贵向林县县委一班人说道："开会之前，我先请大家看三样东西。第一，请看看咱们脚下的这些庄稼地；第二，请看看这条近在咫尺的浊漳河；最后，请大家看看身后的这座山……"以杨贵为代表的林县县委，决意给这片乡土注入"强心剂"，注入共产党人的承诺。这种承诺，慢慢地、一寸寸地浸润着、激活着这片乡土，在村民们干涸的心田里萌生出与命运抗争的信念与意志。当然，村民们的转变过程十分艰难。剧作没有回避村民们在涉及眼前利益、个人利益、家族利益时暴露出的思想弱点，相反，着力表现了他们的犹豫、排斥、克服和坚定，表现了他们从不知道到知道、从不理解到理解、从不情愿到情愿的转变过程，形象地刻画出精神的攀升。

表现红旗渠必然要表现修渠工程，但该剧避开修渠工地的大阵势、大场面，巧妙地把注意力放在修渠人的身上，编织发生在他们身上的一个个动人的故事。引导观众去品味修渠人以苦为乐、苦中寻乐的生活诗意和"饭要吃饱、活要干好"的山里人的憨厚性格，以及一双布鞋、一个垫肩、一碗水、一段快板书所传达出来的山乡本色、人间真情。这些虽然不是劳动场面，但人们交谈的、传递的、唱出的都是发生在工地上的事情，不是直接胜似直接，起到了"移花接木"的效果。

艺术创作关注的是存在的独特性，杨贵无疑是红旗渠故事的独特核心。身为林县县委书记，杨贵的一言一行关系着林县人的命运。剧中他出现在修渠大军被堵的山道上，面对眼前乱作一团的情景，从容应对，化险为夷；他出现在拆除祖宗祠堂的现场，面对村民的不理解，他当着众人的面，跪拜祖宗牌位，郑重承诺……可以说，《红旗渠》对杨贵形象的塑造既有敢想敢干的一面，又有平易近人的一面，既有大气、坚毅的一面，也有焦虑、痛苦的一面，丰富且鲜明，让人印象深刻。杨贵对修渠事业的决心和对群众的深情，换来了心心相印、息息相通的干群关系。在一切都要"政治挂帅"、"以阶级斗争为纲"的年代，要干成一件大事非常不容易。杨贵最了不起和最值得敬佩的地方就在于他能顶住压力、排除阻力，营造一个干事创业的内部环境。

一条红旗渠不仅牵动着林县人民的心，也牵动着社会各方面的目光。不同的看法、不同的声音都将矛头指向了杨贵，指向了林县县委。在剧作构架上，编导用对杨贵的调查来贯穿全剧，在每一个关节点上，几乎都有调查组的身影。调查组作为一条副线与修渠工程这条主线相互交织和映衬，加大了剧情推进的内在动力。

历时十年、跨越两省、绵延数百里的红旗渠，是林县人民在杨贵的带领下，用血肉之躯修筑起来的。在修渠的艰难过程中，林县人也实现了由小我走向大我、由单纯走向成熟的人生境界的提升。在每一个人身上，除了乡土本色、乡土性格外，又融入了红旗渠工程生长出来的大视野、大情怀和大志向。红旗渠精神的刚毅与韧性、自强与自信、真诚与坦荡，未尝不是我们民族的道德标尺和时代的价值基座。这是话剧《红旗渠》在文化层面上做出的有深度的表达，让我们记忆并回味。

侯耀忠

（《人民日报》2013年3月29日第24版）

河南林州

用创新抢占"智高点"

劈开太行山，漳河穿山来。红旗渠精神正激励林州人经历新跨越：完善区域创新体系、推动高新技术产业化、培育战略性新兴产业，实现企业效益"由低转高"，产业链条"由短转长"，产业结构"由重转轻"，产品体系"由单转整"，产业布局"由散转聚"，完成华丽转身。

今年1至9月，全市生产总值完成316亿元，增长8.7%；工业固定资产投资完成141亿元，增长39%；高新技术产业增加值完成增长31.2%。

从修建红旗渠时的铁匠炉起步，林州工业逐渐形成了钢铁、汽配、煤机、铝电、高新技术五大传统主导产业。但整体发展却相对粗放，产品多处于产业链低端。

面对危机，林州市提出了"培育龙头企业、拉长产业链条"方针，整合资源向优势企业集中。

"通过技术改造、延伸链条等，完全可以把传统产业做到终端化、高端化、规模化、效益化。"林州市委书记郑中华掷地有声。

"我们利用科技创新逐步实现了由'傻大笨粗'向'高精特优'的转型。从一个小煤机配件厂，发展成为目前国内唯一的集钢铁铸锻、能源装备、高新技术装备、矿井建设与运营、金融租赁服务于一体的综合服务企业。"林州重机集团股份有限公司负责人说。

"目前，全市共建成和认定各级各类研发中心50家，其中，省级工程技术中心3家，省级企业研发中心13家，建成市级企业技术中心18家，认定市级工程技术中心12家，市级重点实验室4家。河南863科技产业园（林州）基地也成功落户。"林州市科技局局长孙存周告诉记者。

11月5日，林州光远新材料公司投产后的第一批产品——用于生产电子纱、电子布的原丝正式下线，填补了河南省池窑拉丝玻纤行业的空白。

"它是由200根5微米的细纱合股而成的。项目全部投产后将形成年产10万吨电子玻璃纤维和1亿米电子布生产能力，新增销售收入45亿元，利税6.5亿元，出口创汇8000万美元。"林州光远新材料科技有限公司董事长李志伟说。

抓住建设中原经济区的历史机遇，林州市提出"打造三省交界区域中心城市"、"从战太行到出太行，从富太行到美太行创业四部曲"的发展战略，并创建良好的"硬件、服务、金融、人才、政治、科技创新"环境，引进高新技术企业及研发团队，抢占转型升级"智高点"。

林州市通过实施创新工程、建设研发中心、开展校企对接、打造知名品牌等举措，推动经济发展由"制造型"向"创造型"转变，由"创业型"向"创新型"提升。

"把科研院所新技术嫁接到林州，为主动转型提供了智力支持。"市长王军说。

目前，林州已形成以政府投入为引导、企业投入为主体、金融机构做后盾的多元化科技投入体系，科技进步对经济增长的贡献份额达53%。2013年，林州成为河南省唯一一家入选国家知识产权试点城市的县（市）。

林州积极引导建筑企业转型升级，如今林州的建筑业在全国已有了自己的品牌，成为著名的"建筑之乡"、"工匠之乡"。

"建筑业对我市的贡献概括为'三个50%'，即：农村强壮劳动力的

50%从事建筑业，农民人均纯收入的50%来自建筑业，银行各项储蓄存款余额的50%得益于建筑业。"王军说。

林州还积极挖掘本地企业家潜力，吸引他们回乡创业。今年，本地建筑企业家郝合兴、万福生投资1.2亿元建设了标准厂房；林州籍在外人士黄银洲投资9.8亿元上马红旗渠电器项目。

林州有山有水有精神，旅游业却一直"藏在深闺人未识"。林州市引入市场化机制，撬动外来资本，大力发展旅游业。去年，到林州的游客达441.16万人次，综合收入9.29亿元，同比分别增长14.8%、16.9%。

美太行，源于转变，来自对"红旗渠"精神的传承，崭新的太行画卷正次第展开。

人民日报记者　龚金星　任胜利

（《人民日报》2013年12月26日第6版）

第三章
时代丰碑　红旗渠精神永在

红旗渠　不朽的精神丰碑

　　50年前，中国林县。10万英雄儿女，靠一锤、一钎、一双手，苦干10个春秋，在万仞壁立、千峰如削的太行山上，斩断1250个山头，架设152座渡槽，凿通211个隧洞，建成了全长1500公里的"人工天河"——红旗渠。

　　"劈开太行山，漳河穿山来"，这种自强不息、艰苦创业精神闪耀着历久弥新的光芒，成为中华民族一座不朽的精神丰碑。

担当的勇气，源于深爱着人民

　　3月28日，河南林州。沿渠道驱车前行，至豫、冀、晋三省交界处红旗渠青年洞。抬头千仞悬崖，俯首百米峡谷。伫立在渠畔，汩汩流淌的渠水能把人的情感带到深处。

　　"你瞧着这渠道也不是很宽，可它的有效灌溉面积达54万多亩。"红旗渠灌区管理处工作人员任桃喜眺望着漳河，"红旗渠是俺林州人的生命渠、幸福渠！"

　　"咱林县，真苦寒，光秃山坡旱河滩。雨大冲得粮不收，雨少旱得籽不见。一年四季忙到头，吃了上碗没下碗。"这首过去的民谣至今叫人心酸，而在红旗渠通水之前，林州最仰赖的水源只有雨水。

　　1954年5月，杨贵被任命为中共林县县委第一书记。初到林县的一个场景，让杨贵至今记忆犹新：他带着工作组到马家山下乡调研，到了农户家想洗把脸，主人端上来一个烩面碗大小的洗脸盆。杨贵瞅了一眼，水是半盆不说，这边洗着脸，那边还不停地"叮嘱"："您洗完脸千万别把水泼了，俺还等着喂牲口哩！"

"水在林县是天大的事。"杨贵亲自带队到县外找水，直到进入山西平顺县石城公社，远远地听见峡谷中的隆隆水声：大旱之下的浊漳河，竟然有这么丰沛的流量。

县委迎难而上，经过反复调研，决定举全县之力，从平顺引漳河水进入林州。然而每条线都得穿越巍巍太行，工程难度可想而知。

"群众需求就是努力方向。"红旗渠于1960年2月11日开工建设，10万大军自带工具，自备口粮，风餐露宿，日夜奋战在太行山中。

"1965年4月5日，红旗渠总干渠通水了，那是个让林县人永远铭刻在心的日子。"红旗渠特等劳模张买江告诉记者。

50年来，红旗渠共引水125亿立方米，农业供水69.7亿立方米，灌溉农田4700余万亩次，增产粮食17.05亿公斤，发电7.71亿度，直接效益约27亿元，有力促进了林州经济社会的健康快速发展。

奋斗的力量，来自与群众同在

3月29日，在红旗渠通水50周年纪念日来临之际，红旗渠建设特等劳模任羊成来到红旗渠纪念馆。在一幅幅历史照片前，老人不禁眼含泪花。

"排险队长任羊成，阎王殿里报了名。"落石和塌方，是红旗渠工地上最大的危险。为排除隐患，指挥部成立了排险队，身材瘦小的任羊成第一个报了名，被推荐为排险队长。

一次除险过程中，一块石头砸在任羊成的嘴上。门牙被砸倒了，压在舌头上。任羊成张不开嘴，舌头也动弹不得。他从腰间拔出钎子，插进嘴里，生生把牙别了起来。随后吐出一口血水，几颗门牙随着被吐了出去。

他曾从半空中掉下来过，摔进了圪针窝（当地对带刺灌木丛的称呼），工友们从他身上挑出了一捧圪针尖。

2011年，林州市重修红旗渠时，老任从自己微薄的退休金中拿出1000元捐款。

29日下午，记者见到了身上透着当年红旗渠"铁姑娘"影子的郭变花。郭变花今年63岁，被乡政府"请回老家"，担任东姚镇石大沟村党支部书记。

太行山里有句民谣：石大沟、石大坡，石头比土多，荒草连成窝，出门不通车。她担任村干部以来，带领村民治山治水，铺桥修路，改善了石大沟的面貌，被人们称为"太行女愚公"。

"宁愿苦干不愿苦熬。"在太行山深处许多村落都可以发现与郭变花相同的无私奉献者。

"在红旗渠精神的感召下，林州人民谱写了'战太行、出太行、富太行、美太行'的创业四部曲。县域经济综合实力跃入全省十强，靠的就是实干、巧干，与甘于默默无闻的奉献精神。"红旗渠干部学院副院长刘建勇感受颇深。

精神的价值，在于与时代同步

30日上午，国家级红旗渠经济开发区，光远新材车间。

"正在拉制的是9微米到5微米的玻璃纤维拉丝，拉丝成功后要把原丝输送到捻线车间加工，做成最终产品电子纱、电子布。"林州市光远新材料有限公司董事长李广元告诉记者，该项目填补了河南省池窑拉丝玻纤行业空白，产品广泛应用于知名的手机和相机上。

林州人的性格宛如太行石。"山里人，生性犟，后面来的要往前面放！"这是林州流传的《推车歌》。意思是大家一起推车，歇脚时，走在后面的一定要把车放到前边才停下来，就为了不居人后。

"当领导的决策和群众需求一致时，群众就会焕发出无穷无尽的智慧和力量。"据林州市风景区管委会副主任李蕾介绍，当年修红旗渠缺少资金，就组建工程队外出搞建筑赚钱；没有炸药和雷管，就自己办化工厂制造；就地取材造水泥、烧石灰，自制抬杠、镐把，自编抬筐、车篓。

"修建各种建筑物12408座，挖砌土石达2225万立方米。如把这些土石垒筑成高2米，宽3米的墙，可纵贯祖国南北，把广州与哈尔滨连接起来。"李蕾告诉记者。

上世纪70年代，周恩来总理曾自豪地告诉国际友人："新中国有两大奇迹，一个是南京长江大桥，一个是林县红旗渠"，而红旗渠"是英雄的林县人民用两只手修成的"。

如今，红旗渠精神正激励林州人经历新跨越：企业效益"由低转高"，产业链条"由短转长"，产业结构"由重转轻"，产品体系"由单转整"，产业布局"由散转聚"。"2014年林州工业总产值完成1123.1亿元，增长9.2%；高技术产业增加值完成5.6亿元，增长40.5%。"林州市委书记郑中华介绍。

"自力更生，艰苦创业，团结协作，无私奉献"。半个世纪来，红旗渠水滋润着林州人民，而红旗渠精神则光耀中华，成为伟大民族精神的一部分，历久弥新。

人民日报记者　龚金星•任胜利

（《人民日报》2015年4月4日第4版）

寻迹红旗渠

  八百里太行一路向南，在晋冀豫交界处造就了一段峻奇险绝的"北雄风光"，却也因太过壁立刀削、阻隔交通，被畏为险途。悠悠千百年，巍巍太行与愚公移山结下不解之缘，上个世纪中期，又诞生了"人工天河"红旗渠。林县人民怀揣"誓把河山重安排"的雄心和"引漳入林"的梦想，在太行山上凿崖填谷，削平山头，架设渡槽，凿通隧洞，终于成渠，全长一千五百公里。红旗渠蜿蜒盘旋，漳河水越岭翻山，在分水岭分作三条干渠后，四散为千万条支渠、斗渠和毛渠，润泽渴望的庄稼，染绿苍黄的山林。

  我每每探访红旗渠，灵魂都受到难以言喻的震撼。当我在山下仰望，山腰间那一段段渠身巨龙般隐伏于密林，胸中油然升腾起敬意。当我伏下身子，双手触摸那一方方质地厚实、紧紧相依的渠石，禁不住屏住了呼吸。当我仔细辨认嵌于渠岸的石柱上模糊的"承建"字样，顿时明白了它不朽的秘密——这一刻，青山不语，大地低伏，我却仿佛看到了漫山遍野红旗招展，听到了千万人声响彻寰宇。

  这是一条英雄筑就的渠，这是勇气和智慧缔造的奇迹。

  林县自古有沧桑斑驳的历史人文印迹。而有三条渠、三个人，在当地人的记忆里分外清晰。第一条叫天平渠。元时任知州的李汉卿牵头修筑，引天平山清流缓解当地干旱缺水，虽只牵涉十几个村庄的人畜饮水问题，却也给后人以启迪。第二条叫谢公渠。明朝万历时任知县的谢思聪亲自组织官民出钱出力修筑，引洪谷山泉出山，解决沿渠四十多个村庄的人畜用水和灌溉问题。

第三条就是红旗渠。中华人民共和国成立后，全国各地大兴农田水利建设，林县也陆续建成了弓上水库、南谷洞水库等水利设施。1958年大旱，境内河流和新建水库干涸见底，县委书记杨贵等人在深入考察基础上，提出"引漳入林"的创造性设想，得到河南、山西两省省委大力支持。经过十年苦干，红旗渠屹立太行，漳河水穿山而来，彻底改写了林县干旱缺水的历史。时至今日，林县人民仍然亲切地称呼杨贵为"老书记"。

历史反复证明，谁能急老百姓之所急，干实事、谋实绩，人们永远不会忘记。

"劈开太行山、漳河穿山来，林县人民多壮志，誓把河山重安排。"有人唱起了电影《红旗渠》里的歌曲，我沉浸其中有所思。为什么这一奇迹会发生在这里？是什么让原本沉默的山民迸发出气壮山河的豪迈勇气？又是谁使了什么手段，让滔滔的漳河水乖乖听话，一个山上流淌一个山下东去？巍巍南太行，苍茫黄土地，不知能否解答我的问题。

林县地处南太行，北临漳河，西倚太行，南通河洛，东望平原，是黄土高原东出和北上华北平原的必经之路。山左山右、大河上下的文化交流深入，中原文化的智慧包容、三晋文化的务实求新、燕赵文化的慷慨豪气，在南太行激荡交融，孕育了自强不息、艰苦奋斗、百折不挠的愚公移山精神，也形塑了当地人倔强、隐忍、朴实的秉性气质。这些鲜明的文化基因和地方特质千百年来隐伏于当地人身上，最后在波澜壮阔的二十世纪得以彰显。

林县是革命老区，经受抗战和解放战争洗礼，是太行山前坚强的红色堡垒。长期的革命斗争中，一批优秀林县儿女如谷文昌逐渐成长起来，在林县全境解放后，又积极加入南下支队解放东南建设东南。他们中有的牺牲，有的扎根基层，身上体现出来的忠诚、勇敢、坚韧、奋斗、奉献的精神与红旗渠精神一脉相承。杨贵等从战争中走来的党员干部，不计个人得失，坚持实事求是，不跟风不虚报不唯上，为红旗渠的上马积累了宝贵家底。他们的气质做派与谷文昌同源同根，自觉做到了心中有党、心中有民、心中有责、心中有戒。革命带来翻天覆地的变化，革命也激发了当地干部群众骨子里的倔强、勇敢，点燃了自力更生艰苦奋斗创造美好生活的豪情，最后融聚成"重新安排林县河山"的伟力。

我仔细翻阅相关资料，对红旗渠有了更深认识。上世纪六十年代，工程技术条件落后，仅靠人力、炸药和简陋的工具，在绝壁悬崖下一锤一钎劈山修渠，施工之难、工程量之大难以想象。在红旗渠纪念馆，穿行在历史与现实之间，我真切地理解了自力更生、艰苦奋斗的含义。红旗渠动工时正值三年困难时期，上级无力支持地方建设，林县党委政府不等不靠迎难而上，"自力更生是法宝，众人拾柴火焰高，建渠不能靠国家，全靠双手来创造"。如此浩大的工程，当年贫穷的林县人民是怎样"自行解决"的呢？一张张图片，一段段影像，一个个实物，一行行文字，为我们再现了当年的感人场景。全县五十万人口，先后有三十多万人上山参加过修渠。人们住石崖、宿山洞、吃粗粮，劈山造渠不休不止，其斗志之昂扬、决心之顽强，令人肃然起敬。渠一修就是十年，其间全县所有干部甚至每月从二十九斤口粮中挤出两斤支援修渠，连县委书记杨贵也曾经饿着肚子晕倒在工地。这样的自力更生，如何不震撼？这样的艰苦创业，谁见了不动容？

自力更生、艰苦创业的背后，闪耀着人民群众创新创造的光芒。总干渠从渠首到分水岭七十多公里，落差仅有十多米，且渠线全部位于悬崖峭壁上，测量和施工精度要求很高。吴祖太作为技术员，带着一批边学边干的"土专家"，使用仅有的一台简陋的测量仪器，居然成功地完成了这一技术挑战，令人惊呼。为解决总干渠与浊河交叉的矛盾，别出心裁设计建造了一个"坝中过渠水，坝上流河水"的空心坝，让渠水不犯河水；修建桃园渡槽时发明了"简易拱架法"，设计建成了"槽下走洪水、槽中过渠水、槽上能行车"的"桃园渡桥"，构思巧妙；山上垒砌渠墙需要大量物料，仅靠人拉肩扛效率低下，于是土法上马空中架起"空运线"，把石灰、沙、水等从山下直送山上工地；开渠凿洞挖出了大量渣石，于是变废为宝沿渠修建道路，既不使废渣压地，又可以渠带路、以路带林，两全其美；紧挨着工地露天明窑烧石灰，不仅满足了砌渠所需，还提高功效、节约成本、节省运力。依靠勤劳智慧的双手，这些平凡的人创造了不平凡的业绩，他们留下的岂止是一条物理意义上的渠？

幸福不会自天而降，它是对奋斗者最好的奖赏。林县人民用勤劳勇敢的双手修筑了红旗渠，彻底改变了因缺水而多舛的命运，昔日的荒山秃岭变成绿水青山，干涸土地变成沃野良田，人们的精神面貌焕然一新，还收获了"自力更生、艰苦创业、团结协作、无私奉献"的红旗渠精神。但更值得钦佩的是，林县人民并没有满足现状就此止步，而是有了更新更远大的梦想，踏着改革开放的时代节拍再出发再奋斗，为红旗渠精神注入了永远在路上、敢为天下先的活的灵魂。徜徉在红旗渠纪念馆里，我看到了一支支建筑大军走出大山扮靓了大城市、富裕了小家庭，一座座工厂遍地开花，显示出勃勃生机，看到了红旗渠、大峡谷变成了金山银山，山城林县变成了现代化的新林州。奋斗是永不停歇的追求，追求是与时俱进的奋斗。从林县人民拼搏进取的轨迹里，我看到的是更多国人奋斗的光与影、心和梦。

命运由自己掌握，自力更生、艰苦创业永远不过时，团结协作、无私奉献永远不能丢。让我们以奋斗者的姿态，向红旗渠精神致敬！

杨震林

（《人民日报》2018年9月12日第24版）

要有压不垮的拼搏精神

要想继续闯出一片新天地，无疑要跨越横亘在前进道路上的一道道沟坎、一个个险滩，要有"洞中岁月"那股压不垮的拼搏精神

到过红旗渠的人，无人不知青年洞。这是一条600多米长的隧洞，也是红旗渠总干渠的"咽喉"，它悬于太行山腰的峭壁之上，站在洞口往上看，山石陡峭如切，往下看，悬崖深不可测。震撼之余，不禁引人浮想：是什么样的一群人，在这天险之中，开凿了一条如此壮观的空中隧洞？

青年洞向人们透露了答案。1960年10月，因自然灾害和国家经济困难，上级决定农民生产自救，红旗渠工程被迫停工。为早日实现林县人民萦绕千年的吃水梦，建渠干部群众提出"宁愿苦战，不愿苦熬"，在全县范围内挑选了300名青年继续攻关，拿下红旗渠上的这段重要工程。300名青年在这里度过了200多天的"洞中岁月"，在坚硬如钢的石英砂石上开凿出这件雄伟的作品。

那是一段艰苦的岁月。冬天的太行山，风冷石硬，万木萧条。几十个人挤在洞里，睡觉时连翻个身都很困难。洞中潮湿，又没法洗澡，一个人身上生了虱子，很快就蔓延到几十个人身上。年轻人消耗多、饭量大，可困难时期粮食不够吃，只好去河里捞水草、捋树叶，煮一煮，拌上点粮食，就成了美味佳肴。

太行山上的石头非常坚硬，一锤下去，只能留下一个斑点。这难不倒

富有创意的年轻人，他们创造出"连环炮""瓦缸窑炮"等方法，使挖山日进度由0.3米提高到2.8米，终于在1961年7月将隧洞凿通。红旗渠渠线，由此往前延伸了最艰难的616米。后来，为了纪念这群立下汗马功劳的年轻人，隧洞被命名为青年洞。

如今，青年洞的上方，还有几个醒目的大字：洞中岁月。这是当年修渠的青年留下的字迹。斑驳的字迹高悬于洞口之上，已然和沧桑的太行山融为一体，成为一道风景。这段"洞中岁月"，仿佛一个隐喻：身处难挨的洞中之时，每个年轻人都遭受着智慧、意志、耐力乃至生命的考验，然而，当洞中最后一块拦路石被撬开，第一缕光线照进洞中的时候，雾霾消散，光明迫近，洞中的黑暗一扫而光，梦想已然近在眼前……

"洞中岁月"虽然难挨，但却值得怀念。因为这里有炽热的梦想、压不垮的意志和不断迸发的智慧，虽手中只有一锤一钎，也能于顽石之上凿出天渠，于黑暗之中雕出光明，身处洞中，却有雕刻时光的快乐。

如今，中国已发生翻天覆地的变化，300名红旗渠青年所经历的缺衣少粮的窘况也许不会再出现，但"洞中岁月"所浸润的那股精神却永远不会褪色。当下，中国的发展已进入新的阶段，站在新的历史起点，要想继续闯出一片新天地，无疑要跨越横亘在前进道路上的一道道沟坎、一个个险滩，要有"洞中岁月"那股压不垮的拼搏精神。

我们欣喜地看到，这种精神在当下的年轻人身上并不稀缺。在改革发展浪潮的最前沿，到处都不乏年轻人奋斗拼搏、冲锋在前的身影。在脱贫攻坚的战场、科技攻关的路途、改革创新的前沿，挑战不可谓不大，困难不可谓不多，置身其中的年轻奋进者们，不少人在砥砺前行中也经历着"洞中岁月"，忍受意志和耐力的挑战，用耐心和细心雕琢时光，终成一番事业。

　　如今，中华民族的伟大复兴正处于爬坡过坎的关键阶段，在当今世界风云际会的变局之中，面对正在经历和可能遇到的种种风雨，新时代的青年正以担当作为在为实现中国人民美好生活的追求与梦想中不屈不挠、砥砺前行。

李昌禹

（《人民日报》2019年11月3日第5版）

一把铁钩见证人间奇迹

——从红色文物感悟初心使命

河南省林州市博物馆里，收藏着一件国家二级文物——一把10厘米长、240克重的小铁钩。当年的凌空除险队队员就是拿着这样的铁钩，为红旗渠修建者保驾护航。锈迹斑斑的钩面上留有撞击险石的痕迹，见证着一段改天换地的不朽传奇。

落石和塌方，是红旗渠工地上最大的危险。红旗渠开挖不到4个月，有人提议不修了，因为松动的山石不时掉下造成伤亡。这时，以任羊成为代表的凌空除险队站了出来。腰间系一根粗绳，别上铁锤，手持带有除险铁钩的长杆，队员们从悬崖顶端吊下，凌空来回摆荡，用铁钩把险石一点点刨去、扒落。因落石坠下躲避不及被砸断门牙；麻绳磨断坠崖，幸亏挂在树杈上才捡回条命；长年累月在崖间飞来荡去，腰部被勒出道道血痕，形成一圈厚厚的疤……排险英雄任羊成的光荣事迹背后，是10万名像他一样的开山者，用双手硬生生在悬崖峭壁上凿出长达数百里的"人工天河"。

"林县人民多壮志，誓把河山重安排。"红旗渠是林州人勒紧裤带创造的奇迹，是一部太行人写就的英雄史诗。为削平1250座山头、凿通211个隧洞、架设152座渡槽，开山者自带工具，自备口粮，风餐露宿，日夜奋战在巍巍大山中。没有工具自己制，没有石灰自己烧，没有抬筐自己编，没有炸药自己造，粮食不够吃就采野菜、下漳河捞水草充饥……不畏艰险、百折不挠的林州人用苦干实干、拼命硬干，将"立下愚公移山志，决心劈开太行山"的豪迈口号化为现实，铸就了"自力更生、艰苦创业、团结协作、无私奉献"的红旗渠精神。

红旗渠精神是我们党的性质和宗旨的集中体现，历久弥新，永远不会过时。干部与群众同吃、同住、同劳动，那种信任与融洽让人感动。为让渠首拦河坝工程顺利合龙，500多名共产党员、共青团员跳进激流，臂挽臂、手挽手排起人墙，最终拦住汹涌河水。党员干部和人民群众心往一处想、劲往一处使，共同写就了红旗渠的奇迹。

没有比人更高的山，没有比脚更长的路。抗战期间，陕甘宁边区面临极端封锁，驻守南泥湾的三五九旅将士，靠一把锄头一支枪，将"烂泥湾"变成了"陕北好江南"；上世纪50年代，10多万军民以"让高山低头，叫河水让路"的革命气概，在极其艰苦的条件下建成川藏、青藏公路，结束了西藏没有公路的历史；进入新时代，破解星载原子钟、北斗国产芯片等"不可能"，攻克160余项核心关键技术和世界级难题，中国人终于用上了"自己的导航系统"……不论是重塑山河还是摆脱贫困，不论是加强民生保障还是勇攀科技高峰，我们党团结带领人民历经千难万险，付出巨大牺牲，创造了一个又一个彪炳史册的人间奇迹。

"蓝天白云做棉被，大地荒草当绒毡。高山为我放岗哨，漳河流水催我眠！"当年红旗渠青年的豪迈与乐观，穿越时空依旧震撼人心。时光流转，而红旗渠精神正如汩汩流淌的渠水一般历久弥新，给予我们前进的动力。

申孟哲

（《人民日报》2021年9月22日第7版）

让红旗渠水哗哗流淌

7月19日晚，河南林州市境内暴雨如注，红旗渠灌区管理处合涧管理所副所长张学义彻夜未眠。

次日凌晨1点，有人报告：红英南分干渠多处基建被冲毁，渠水堵塞。张学义连忙调集所内抢险突击队赶往现场。堵塞处，有碎石卡在渠槽，机器难以清除。张学义二话没说，跳进湍急的渠水，一次次用双手捧出槽底的碎石。刚上岸，就听到对讲机里的呼叫："油村段村南渠道基建有险情！"来不及擦干身上的水，他立刻带领突击队奔赴下一个抢险点。

张学义是一名"渠三代"，从小受红旗渠精神熏陶。他的爷爷张运仁当年在修建红旗渠时牺牲，年仅38岁。他的父亲张买江曾是红旗渠工地上最年轻的建设者之一。从磨尖钻头到开山爆破，张买江在艰苦的修渠岁月里成长为一名特等劳模。退休后的他走遍大半个中国，讲述红旗渠故事，感动了无数人。

张学义高中毕业后，接过父亲的接力棒，守护凝结着前辈智慧、鲜血和汗水的红旗渠，一干就是20多年。

合涧管理所共有员工28人，负责48公里水渠的日常维护。每天，巡查队员爬山头、过山沟，遇到脱落的砖头捡起垒好，看到漂浮垃圾用工具打捞，确保渠水哗哗流淌。盛夏汛期，他们彻夜值守；数九寒天，他们凿冰保通。

林州冬季寒冷，每当上游来水，夜间渠面总会结冰。第二天，张学义和队员们早早来到渠上，站在结冰的渠面，抡起大锤凿开冰面，让渠水流通。

离合涧管理所不远，是红旗渠一干渠与英雄渠交汇处——"红英汇流"。当年，"红英汇流"是红旗渠建设的十大工程之一，施工队伍凭借土办法找到了精确的汇流点，确保两渠顺利汇流。

"'红英汇流'是我们每天巡渠的起点，在这儿我常常想到老一辈艰苦奋斗的情景。"张学义说，"一代人有一代人的使命，一代人有一代人的担当。作为新时代的红旗渠精神传人，我们要更加用心用力护好渠、管好水，让红旗渠永远造福林州人民。"

人民日报记者　王　者

（《人民日报》2021年11月11日第6版）

红旗渠精神代代相传

鄂豫皖苏区根据地是我们党的重要建党基地，焦裕禄精神、红旗渠精神、大别山精神等都是我们党的宝贵精神财富。

——摘自习近平总书记2019年9月18日在河南考察时的重要讲话

深秋时节来到河南林州（原林县），太行山上层林尽染。站在山脚抬头望，"人工天河"红旗渠在山腰间逶迤前行，滋养着林州大地。

林州市博物馆里，收藏着一件国家二级文物——当年建设红旗渠的劳动模范任羊成用过的除险铁钩。钩面撞击险石留下的痕迹，镌刻着一段不朽传奇。从1960年2月到1969年7月，先后有30多万人次的林县儿女自带工具，自备口粮，风餐露宿，在太行山中苦干9年多，削平1250座山头，凿通211个隧洞，架设152座渡槽，建成全长1500公里的红旗渠，结束了林县"十年九旱、水贵如油"的历史。

在中国共产党领导下，林县人民自力更生、艰苦创业、团结协作、无私奉献，靠着"一锤、一钎、一双手"，创造出太行山上的人间奇迹，培育了伟大的红旗渠精神。

2019年9月18日，习近平总书记在河南考察时指出，鄂豫皖苏区根据地是我们党的重要建党基地，焦裕禄精神、红旗渠精神、大别山精神等都是我们党的宝贵精神财富。

半个多世纪以来，太行山崖壁历经风雨巍然挺立，红旗渠精神代代相传，历久弥新。

自力更生

干旱，曾让林县人祖祖辈辈刻骨铭心。1959年，林县遭受严重旱灾，境内4条河流干涸，水库见底。

面对天灾，苦熬还是苦干？经过反复调研，林县县委提出从浊漳河修渠引水，时称"引漳入林"工程，后更名为红旗渠工程。

工程巨大，但一数家底，全县只有300万元储备金，水利技术人员仅有28人。怎么办？"自力更生是法宝，众人拾柴火焰高，建渠不能靠国家，全靠双手来创造。"林县县委决定不等不靠，举全县之力迎难而上。

如何靠双手创造？红旗渠纪念馆里的一张张图片、一段段影像、一件件实物，见证非凡历程。

为了修渠，全县50余万人口中，先后有30多万人次上山劳动，81人献出宝贵生命。

工地搭建的席棚不足，许多建设者就睡在山崖下、石板上、石缝中；食物不足，就吃杂粮、挖野菜、捞水草。全县干部每人每月从仅有的29斤口粮中挤出2斤支援修渠。

资金短缺，许多林县人外出务工，攒下几元、几十元钱，寄回来支援修渠。据统计，红旗渠工程总投资中，超过85%为林县人民自筹。

1969年7月，红旗渠总干渠、干渠和支渠、斗渠配套体系全部建成。灌区有效灌溉面积达到54万亩。而在修渠前，林县的水浇地只有不到2万亩。

截至2020年，红旗渠累计引水130亿立方米，灌溉农田超4700万亩，实现粮食增产18亿公斤，有力促进了林州经济社会发展。

几十年来，林州人民从红旗渠精神中不断汲取营养，坚持自力更生，继"战太行"后，又接续谱写了"出太行、富太行、美太行"的新篇章。

从改革开放初期开始，在红旗渠建设中锻炼成长的一批能工巧匠奔赴全国各地从事建筑行业，叫响了"林州建筑"品牌。

上世纪90年代起，在外创业的建筑业主陆续返乡开办企业，带回来资金、项目和理念，带动县域经济综合实力连续多年位居河南全省前列。

近些年，林州成功创建全国文明城市、国家园林城市、全国绿化模范单位等，将林州变成休闲旅游、度假养生的重要目的地。

艰苦创业

红旗渠纪念馆里的一张老照片引起记者注意：一个脸盆里装满水，倒放着一个小板凳，一位农民在旁边认真观察。

"这位是共产党员、'农民水利土专家'路银，他在用盆面测量代替水平测量仪进行观测。"讲解员介绍，红旗渠总干渠从渠首到分水岭全长70余公里，落差仅有10多米，且渠线全部位于悬崖峭壁上，测量和施工难度极大。在缺乏专业仪器的情况下，林县人凭借土办法，保证了施工精度。有关部门验收时不免惊叹——70.6公里长的总干渠建设完全符合设计标准！

为解决总干渠与河流交叉的问题，施工人员设计建造了"坝中过渠水，坝上流河水"的空心坝，从此"渠水不犯河水"；修建桃园渡槽时发明了"简易拱架法"，建成"槽下走洪水、槽中过渠水、槽上能行车"的渡桥。

缺钱买炸药，林县人就用锯末、煤面等配制土炸药，使红旗渠全部工程的炸药自给率达到44%，节约资金近146万元。

"艰苦创业，重点在创。红旗渠工程浩大、施工环境恶劣，同时面临缺钱、缺粮、缺技术等重重困难，但林县人民终能绝壁穿石、创造奇迹，离不开创新。"红旗渠干部学院常务副院长刘建勇说。

在红旗渠建设过程中，林县人创新了上百项工程、技术成果，培养出上万名铁匠、木匠、石匠。艰苦创业中激发的创新精神、锤炼的人才队伍，成为促进林州发展的重要力量。

乡村振兴，关键在人。作为当地的"土专家"，李斌顺担任市水产管理站站长10多年来，不断推动科研创新。以培育优良鱼种为目标，他与科研院所、高校合作建立研究基地，先后有10多项科技攻关项目获奖；探索"莲鳅共养"致富模式，拓展了乡村产业振兴新途径。

近些年，林州市聚焦"三农"发展需求，统筹科技特派员等各领域技术力量，引导各类人才向乡村倾斜；开展"送医疗卫生服务下乡""送农技下乡""畜牧系统百人联百场"等活动，增强乡村产业振兴技术支撑。

"过去，'土专家'开山修渠创造奇迹。如今，我们更要努力发挥乡土人才作用，激励创新创造，更好推进乡村振兴。"林州市副市长李蕾说。

团结协作

沿红旗渠干渠走一走，每隔一段可以看到一块小石碑，上面写着不同村庄的名字。

工作人员介绍，立起石碑就是明确责任。修渠时，林县县委提出要求，30年内哪个责任段出了问题，就由承建的公社、生产大队负责维修。

红旗渠纪念馆里，11枚旧印章引人注目，每个印章对应着红旗渠总指挥部的一个部门。修渠伊始，林县县委坚持发挥党的领导核心作用，部署安排交通运输股、物资供应股、安全股等各部门高效协同开展工作，充分调动和保护广大干部群众投身红旗渠建设的积极性。

"成功修建红旗渠，充分彰显了团结协作精神。"河南省社科联主席李庚香说，精神体现在跨省跨县跨流域引水，体现在兄弟地区和单位的支援，体现在对各方力量的整合和林县各公社、生产大队的配合。

最危险的地方，最困难的活，最先看到的是干部和党员、团员。

1960年春，红旗渠渠首拦河坝工程建设中，坝体还有10米宽的龙口尚未合龙，河水奔腾咆哮，喷涌而出。为确保拦河坝顺利合龙，500多名共产党员、共青团员跳进冰冷刺骨的激流中，臂挽臂排起人墙，高唱《团结就是力量》，最终拦住了汹涌的河水。

"红旗渠是我们党团结带领人民改天换地的生动实践。"李蕾说，为了人民是修建红旗渠的根本出发点，依靠人民是修建红旗渠的根本力量。

"人民紧跟共产党，改造山河有力量。"几十年过去，一代代林州人在党的领导下，凝聚同心圆梦的共识、激发干事创业的热情、增强拼搏进取的动力，"治山山变样、治水水长流、治穷穷变富"。

临淇镇社书村的变化就是一个例证。社书村一度发展缓慢。2017年，在外创业的常海拴回乡担任村党支部书记后，广泛发动群众，全村齐心协力，先后投入400多万元改造村庄。原本破旧的院落变成了小花园、停车场、休闲长廊，村容村貌大变样。村里还开办了服装厂，吸纳留村妇女就业；投资200万元，建起香菇大棚；招商引资1500万元，办起电子厂……村民们的腰包越来越鼓。

无私奉献

林县河顺镇申家垴村的石匠申江保，是红旗渠建设中成长起来的劳动模范。申家垴村有一条常年不断流的小河，修建红旗渠和申家垴村并无太大利害关系，是否参加？申江保和村民们用行动作出回答。申江保背起铺盖卷，自带干粮和工具，走了两天两夜赶到工地，一干就是七八年。

"崖当房，石当床，虎口崖下度时光，我为后代创大业，不修成大渠不还乡。"红旗渠建设者们写在崖壁的豪迈誓言，也正是申江保的精神写照。

共产党员吴祖太是修建红旗渠时的牺牲者之一。他从黄河水利学校毕业后，被分配到新乡专署水利局工作。1960年初，吴祖太参与红旗渠工程设计，解决了不少建设难题。当年3月，王家庄隧洞洞顶出现裂缝掉土现象，他进入洞内查看险情时遭遇洞顶坍塌，不幸殉职，年仅27岁。

无私奉献，薪火相传，激励着一代代林州人。

任村镇盘龙山村海拔1300米，山高沟深，修一条下山的路是全村人的多年期盼。2013年，村党支部书记王自有在为修路奔波的途中突发心梗病逝。他的弟弟王生有放弃外面的生意，回乡担任村党支部书记，带领村民继续修路。坑洼的泥土路终于变成平坦的水泥路。

王生有带领村民绿化荒山3000多亩，种植花椒、核桃、中药材1000多亩。村民们出售土特产增加了收入，发展乡村旅游也打下了基础。"让乡亲们过上好日子，是大哥生前的愿望，也是我的奋斗目标。"他说。

今年7月，河南遭受特大暴雨灾害。红旗渠应急救援志愿服务队闻"汛"而动，组织队员70余人，携带冲锋舟、救生衣等装备，转战安阳、新乡等地，20余天始终坚持在抢险救援一线，累计转移被困群众1700余人。

"红旗渠是共产党人无私奉献的一座丰碑。"河南省委直属机关工委副厅级专职委员赵茂军说，无私奉献是共产党人的优秀品质，也是红旗渠精神的鲜明特征。"修渠历程中，党员干部身先士卒、吃苦在前，不谋私利、一心为民，带领广大群众积涓滴为洪流，汇聚成无坚不摧的强大力量。这座丰碑昭示我们任何时候都要正确处理好公与私、义与利、小我与大我的关系，始终坚守无私奉献的精神品格和价值追求。"

如今，林州市持续加强以红旗渠精神开展党性教育。红旗渠干部学院建成8年来，举办各级各类培训班5000多期，培训学员超过30万人次。来自全国各地的500余家机关、院校、企事业单位到红旗渠挂牌设立"红色教育基地"。

岁月流逝，精神赓续。红旗渠精神必将激励一代又一代人接续奋斗，在新征程上创造更多不凡业绩。

人民日报记者　龚金星　马跃峰　毕京津

（《人民日报》2021年11月11日第6版）

红旗渠精神历久弥新，永远不会过时

人民日报
RENMIN RIBAO

人民网网址：http://www.people.com.cn

2021年11月
11
星期四

习近平将出席亚太经合组织第二十八次领导人非正式会议

中共中央将于12日上午举行新闻发布会
介绍党的十九届六中全会精神

红旗渠精神历久弥新，永远不会过时
——论中国共产党人的精神谱系之三十六
本报评论员

奋斗百年路 启航新征程
学党史 悟思想 办实事 开新局

各地区各部门各单位深入推进"我为群众办实事"实践活动

一切为了群众的美好生活

举讲话、信思想，充实
完善重点民生项目清单

新数据 新看点

海洋生产总值6.2万亿元

完成国际货物贸易 75亿票

完成旅客周转量 1.9亿人次

前三季度
海洋生产总值六点二万亿元
复苏进程稳健 市场需求回升

乘开放春风 享发展机遇
——写在第四届中国国际进口博览会闭幕之际

打造开放平台
"进博效应"越来越凸显

进博会观察

奋斗百年路 启航新征程
中国共产党人的精神谱系

加强执法 强化监督 督办指导
各地保障农村道路交通安全

　　20世纪60年代，河南省林县（今林州市）人民为改善恶劣生产生活条件，摆脱水源匮乏状况，在太行山的悬崖峭壁上修建了举世闻名的大型水利灌溉工程——红旗渠，培育形成了"自力更生、艰苦创业、团结协作、无私奉献"的红旗渠精神。2019年9月，习近平总书记在河南考察时强调"焦裕禄精神、红旗渠精神、大别山精神等都是我们党的宝贵精神财富"，指出"要让广大党员、干部在接受红色教育中守初心、担使命，把革命先烈为之奋斗、为之牺牲的伟大事业奋力推向前进"。

　　河南省林县位于太行山东麓，历史上属于严重干旱地区。新中国成立后，党和政府十分关心林县的缺水问题。1959年夏天，林县县委提出，从林县穿越太行山到山西，斩断浊漳河，将水引进林县，彻底改变林县的缺水状况，这个计划得到了河南省委和山西省委的支持。从1960年2月红旗渠修建正式开工，到1974年8月工程全部竣工，10万英雄儿女在党的领导下，靠着一锤、一铲、两只手，逢山凿洞、遇沟架桥，顶酷暑、战严寒，克服了难以想象的困难，削平1250个山头，凿通211个隧洞，架设152座渡槽，在万仞壁立、千峰如削的太行山上建成了全长1500公里的"人工天河"，被誉为"新中国建设史上的奇迹"。红旗渠的建成，形成了引、蓄、灌、提相结合的水利网，结束了林县"十年九旱、水贵如油"的苦难历史，从根本上改变了林县人民生产生活条件，创造出巨大的经济和社会效益，至今仍然发挥着不可替代的重要作用，被称为"生命渠""幸福渠"。

　　"劈开太行山，漳河穿山来，林县人民多壮志，誓把河山重安排"。红旗渠是自力更生、艰苦奋斗的典范，不仅给后人留下了浇灌几十万亩田园的水利工程，更留下了宝贵的红旗渠精神。红旗渠工程1960年开始施工时，面对困扰人民群众生产生活的紧迫问题，全县干部和群众宁愿苦干也不苦熬，宁愿眼前吃苦也要换来长久幸福，宁愿自力更生、群策群力

也不等靠要、单纯依赖国家。面对资金缺乏、物资紧张和险恶施工条件等
困难，修建红旗渠的石灰自己烧、水泥自己产，每一分钱、一袋水泥、一
个钢筋头、一根锤把子都做到了物尽其用。面对十分艰苦的条件，建设者
们自带工具、自备口粮，干部和群众心往一处想、劲往一处使、汗往一处
流，涌现出像马有金、路银、任羊成、王师存、李改云、郭秋英、张买
江、韩用娣等一大批红旗渠建设模范。同困难作斗争，是物质的角力，也
是精神的对垒。"自力更生、艰苦创业、团结协作、无私奉献"的红旗渠
精神，是中华民族伟大精神的生动体现，是我们党的宝贵精神财富，是中
国共产党人精神谱系的重要组成部分，激励着中华儿女为社会主义现代化
建设忘我奋斗。正如习近平同志指出的："红旗渠精神是我们党的性质和
宗旨的集中体现，历久弥新，永远不会过时。"

当今世界正经历百年未有之大变局，我国正处于实现中华民族伟大复
兴的关键时期，国家强盛、民族复兴需要物质文明的积累，更需要精神文
明的升华。习近平总书记强调："前进道路不可能是一片坦途，我们必然
要面对各种重大挑战、重大风险、重大阻力、重大矛盾，决不能丢掉革命
加拼命的精神，决不能丢掉谦虚谨慎、戒骄戒躁、艰苦奋斗、勤俭节约的
传统，决不能丢掉不畏强敌、不惧风险、敢于斗争、敢于胜利的勇气。"
全党同志要用党在百年奋斗中形成的伟大精神滋养自己、激励自己，以昂
扬的精神状态做好党和国家各项工作，要结合实际把红旗渠精神不断发扬
光大，使之成为激励干部群众推进新时代中国特色社会主义事业的强大精
神力量。要深刻认识到自力更生是中华民族自立于世界民族之林的奋斗基
点，走一条更高水平的自力更生之路；要永葆艰苦创业的作风，一茬接着
一茬干，一棒接着一棒跑，知重负重、攻坚克难，以赶考的清醒和坚定答
好新时代的答卷；要发扬团结协作的精神，团结一切可以团结的力量、调

动一切可以调动的积极因素，汇聚起实现民族复兴的磅礴力量；要砥砺无私奉献的品格，把许党报国、履职尽责作为人生目标，坚持不懈为群众办实事做好事，一心一意为百姓造福，努力创造无愧于党、无愧于人民、无愧于时代的业绩。

从红旗渠建成通水，到三峡工程的成功建成和运转，再到当今世界在建规模最大、技术难度最高的水电工程金沙江白鹤滩水电站首批机组投产发电，新中国成立70多年来，我们创造出一个又一个举世瞩目的工程建设奇迹。实践充分表明，社会主义是干出来的，新时代是奋斗出来的。在新的伟大征程上开拓奋进，大力弘扬红旗渠精神，从中国共产党人精神谱系中汲取不竭力量，保持"越是艰险越向前"的英雄气概，保持"敢教日月换新天"的昂扬斗志，埋头苦干、攻坚克难、团结一心、英勇奋斗，就一定能创造出令世界刮目相看的新奇迹，不断夺取全面建设社会主义现代化国家新胜利！

人民日报评论员

（《人民日报》2021年11月11日第1版）

发扬延安精神和红旗渠精神，全面推进乡村振兴

——习近平总书记陕西延安和河南安阳考察重要讲话引发热烈反响

10月26日至28日，习近平总书记在陕西省延安市、河南省安阳市考察并作重要讲话，在当地干部群众中引发热烈反响。大家表示，一定牢记习近平总书记嘱托，认真学习贯彻党的二十大精神，坚持农业农村优先发展，发扬延安精神和红旗渠精神，巩固拓展脱贫攻坚成果，全面推进乡村振兴，为实现农业农村现代化而不懈奋斗。要进一步坚定文化自信，增强做中国人的自信心和自豪感。

加快推进农业农村现代化，让老乡们生活越来越红火

习近平总书记强调，要认真学习贯彻党的二十大精神，全面推进乡村振兴，把富民政策一项一项落实好，加快推进农业农村现代化，让老乡们生活越来越红火。

"总书记强调，现在，'两个一百年'奋斗目标的第一个百年目标已经实现，绝对贫困问题解决了，老乡们过上了好日子，但还要继续努力往前走，让生活越来越美好。"延安市安塞区高桥镇南沟村驻村干部张光红说，"我将牢记总书记殷殷嘱托，同全村干部群众一起做大做强做优苹果产业，让更多乡亲在这条产业链上增收致富，日子越过越好。"

脱贫攻坚战取得全面胜利后，延安市狠抓责任、政策、工作落实，推动巩固拓展脱贫攻坚成果同乡村振兴有效衔接。"总书记强调，中国共产党是人民的党，是为人民服务的党，共产党当家就是要为老百姓办事，把老百姓的事情办好。"延安市乡村振兴局党组书记、局长黄利荣说，"我们将在巩固拓展脱贫攻坚成果基础上，以更大的决心、更强的力度、更实的举措，扎实推动乡村产业、人才、文化、生态、组织振兴。"

"要把总书记对延安对安塞的亲切关怀转化为推动高质量发展的

强大动力。"延安市安塞区委书记曹振宇说，安塞将认真贯彻落实习近平总书记重要讲话精神，坚持农业农村优先发展，扎实做好乡村发展、乡村建设、乡村治理各项工作，推动全面推进乡村振兴取得新进展、农业农村现代化迈出新步伐，让越来越多的村庄实现产业旺、环境美、农民富。

河南省原阳县大宾镇立足黄河滩地资源，计划在滩区盐碱地建设万亩优质牧草种植区，培育发展特色产业。"全面推进乡村振兴，产业是基础。"原阳县委常委、大宾镇党委书记王鹏举说，"我们将深入推进闲置滩涂和淤积土地的开发利用，大力发展高效农业和滩区大黄姜、菌草、阳光玫瑰等特色种植业，不断壮大村集体经济，让群众腰包越来越鼓。"

"全面建设社会主义现代化国家，最艰巨最繁重的任务仍然在农村。"习近平总书记的这句话，让河南省林州市黄华镇庙荒村党支部书记、村委会主任郁林英印象深刻，"新时代十年农业农村的历史性成就鼓舞人心、催人奋进。我们村几年前整村脱贫摘帽，现在村里环境美、村民日子甜，但还存在短板。我们要以实际行动贯彻落实总书记重要讲话精神，进一步改造提升村里的整体环境，丰富产业形态和内容，夯实强村富民基础，加快推动乡村振兴战略落地见效。"

继承和发扬吃苦耐劳、自力更生、艰苦奋斗的精神

习近平总书记强调，红旗渠精神同延安精神是一脉相承的，是中华民族不可磨灭的历史记忆，永远震撼人心。年轻一代要继承和发扬吃苦耐劳、自力更生、艰苦奋斗的精神，摒弃骄娇二气，像我们的父辈一样把青

春热血镌刻在历史的丰碑上。实现第二个百年奋斗目标也就是一两代人的事，我们正逢其时、不可辜负，要作出我们这一代的贡献。

"习近平总书记在延安中学枣园校区考察时，勉励同学们从小树立远大理想，立志成为社会主义建设者和接班人，确保红色基因代代相传。"延安中学党委委员、副校长郭博说，"总书记的到来，让全体师生备受鼓舞、倍感振奋，我们一定牢记总书记殷切嘱托，坚持用延安精神教书育人，办好人民满意的教育，弘扬革命传统，培育时代新人，为老区发展和国家建设培养更多建设者和接班人。"延安中学高一（2）班学生杨子悦表示，要用延安精神滋养自己、激励自己，锻炼吃苦耐劳、自力更生、艰苦奋斗的精神品格，长大以后当像李时珍那样的医生。

延安枣园革命旧址管理处主任党婕睿说："作为一名文博宣教工作者，一定要把百年党史中的延安故事挖掘好、讲述好、传承好，让一代代人不断从延安精神中汲取力量。"

"我们要贯彻落实好总书记重要讲话精神，坚持发扬斗争精神，全力战胜前进道路上各种困难和挑战，依靠顽强斗争打开事业发展新天地。"安阳市委书记袁家健说，"要坚持农业农村优先发展，巩固拓展脱贫攻坚成果，全面推进乡村振兴，让红旗渠精神结出更加丰硕的成果。"

"作为新时代的林州人，一定牢记总书记嘱托，脚踏实地、苦干实干，充分发挥工业、建筑业、文化旅游业等林州既有产业优势，统筹协调人居环境整治、巩固拓展脱贫攻坚成果同乡村振兴有效衔接等各方面工作，推动高质量发展，让红旗渠故乡在新时代更加出彩。"林州市委书记王宝玉表示。

"今天，物质生活大为改善，但愚公移山、艰苦奋斗的精神不能变。"习近平总书记的这句话，令林州市姚村镇团委书记申杨杨感触很深，"我们将进一步引导广大青年发扬自力更生、艰苦奋斗精神，踊跃投身乡村振兴，让青春之花在田间地头绚丽绽放。"

"习近平总书记指出，要用红旗渠精神教育人民特别是广大青少年，社会主义是拼出来、干出来、拿命换来的，不仅过去如此，新时代也是如此。"林州市红旗渠纪念馆负责人林永艺表示，一定牢记总书记嘱托，看好渠护好渠，讲好红色故事，让广大参观者更好地接受红色教育、传承红色基因。

坚定文化自信，增强做中国人的自信心和自豪感

习近平总书记强调，中华优秀传统文化是我们党创新理论的"根"，我们推进马克思主义中国化时代化的根本途径是"两个结合"。我们要坚定文化自信，增强做中国人的自信心和自豪感。

"学习领会总书记重要讲话精神，让我们更加坚信：只有植根本国、本民族历史文化沃土，马克思主义真理之树才能根深叶茂。"中国延安干部学院教学科研部党建教研室教授薛琳表示，在今后的教学科研工作中，将更加坚定文化自信，坚持古为今用、推陈出新，着力把马克思主义思想精髓同中华优秀传统文化精华贯通起来。

"总书记指出，'考古工作要继续重视和加强，继续深化中华文明探源工程''要通过文物发掘、研究保护工作，更好地传承优秀传统文化'。"中国社会科学院考古研究所安阳工作站副站长何毓灵表示，"我们将牢记总书记嘱托，进一步加大对殷墟的考古和保护力度，重点在古城市布局、居民生产生活方式和道路修筑等方面开展深入研究。"

现场聆听了习近平总书记重要讲话，安阳市文物局局长李晓阳倍感振

奋，也深感责任重大，"我们要把殷墟遗址保护好、研究好、建设好、利用好，使世界文化遗产殷墟进一步成为传承中华优秀传统文化、促进人类文明交流互鉴的重要平台，教育引导广大群众特别是青少年更好认识和认同中华文明，增强做中国人的志气、骨气、底气。"

"总书记指出，中华文明源远流长，从未中断，塑造了我们伟大的民族，这个民族还会伟大下去的。"河南博物院副院长张得水说，"让更多的人了解中华文明，感受中华民族的伟大，就是我们的职责。这些年，在推动中华优秀传统文化创造性转化、创新性发展方面，我们作了一些积极探索和成功尝试，未来将进一步开拓创新，让更多文物和文化遗产活起来，助力营造传承中华文明的浓厚社会氛围。"

"中华优秀传统文化源远流长、博大精深，是中华文明的智慧结晶，也是文学艺术创作的宝库。"延安市文学艺术界联合会党组书记孙文芳表示，要在传承中华优秀传统文化基础上，努力创作出更多优秀作品，记录伟大时代，展示中国精神。

人民日报记者　龚金星　王乐文　马跃峰　龚仕建

高　炳　原韬雄　毕京津　王　者

（《人民日报》2022年10月30日第1版）

用奋斗镌刻历史的丰碑

太行山巨大的山体上，一条宽阔的水渠在崇山峻岭间盘桓，宛如气势雄浑的长龙，刻画着人力的极限和精神的高标。

红旗渠，是我们党团结带领人民在物资匮乏年代创造的人间奇迹；红旗渠精神，是中华民族不可磨灭的历史记忆，永远震撼人心。

10月28日上午，习近平总书记在红旗渠考察时指出，社会主义是拼出来、干出来、拿命换来的，不仅过去如此，新时代也是如此。

了解历史才能看得远，理解历史才能走得远。

是什么让林州人义无反顾到上游太行山深处找水、开渠引水？是初心使命。

当时的林县县委主要负责人多年后还记得一个场景：他到一个农户家调研，想洗把脸，主人端来烩面碗大小的脸盆，还只盛了半盆水："您洗完脸千万别把水泼了，俺还等着喂牲口哩！"

老百姓缺水盼水，水是"天大的事"；共产党当家就是要为老百姓办事，把老百姓的事情办好。中国共产党的奋斗，初心使命，犹如红线，一以贯之。

坚持一切为了人民、一切依靠人民，从群众中来、到群众中去，我们党才得以不断制定正确的政策和策略，引领党和国家事业不断向前。

"人民对美好生活的向往，就是我们的奋斗目标。"诺言如山，奋斗践行。

"全面建成小康社会，一个不能少"——现行标准下9899万农村贫困人口全部脱贫，14亿多人民共同迈入全面小康社会；

"把人民群众生命安全和身体健康放在第一位"——抗击新冠肺炎疫情，从出生30个小时的婴儿到108岁的老人，不遗漏每一个感染者，不放弃每一个生命；

"还老百姓蓝天白云、繁星闪烁"——碳排放强度下降34.4%，雾霾少了、山变绿了、江河清了，人与自然和谐共生的美丽中国正在从蓝图变为现实……

新时代十年，我们党团结带领人民创造了一个又一个人间奇迹。每一个变革性实践，都有一个光辉的起点——为了人民；每一项标志性成果，都映照党的初心使命、诠释党的性质宗旨。

是什么让林州人在缺少机械的年代成功实施了这一浩大工程？是团结奋斗。

削平1250座山头，凿通211个隧洞，架设152座渡槽，挖砌土石方2225万立方米……半个多世纪以后的今天，红旗渠的修建过程，仍引得不少专家深思细研。

"我是在党员大会上举过拳头发过誓的，怕死不当共产党员，共产党员就不能怕死。"排险英雄任羊成的这段话里有成功密码，要在红旗渠工地上找到党员干部，"就看谁干的活最险、谁冲在最前面"。

"唤起工农千百万，同心干"。一代代共产党员亮出身份，走在前列，作出表率，把党的路线方针政策化成人民群众的自觉行动，推动山河巨变，万象更新。

"心往一处想、劲往一处使"。新时代十年，在以习近平同志为核心的党中央带领下，中国人民更加自信、自立、自强，更有志气、骨气、底气，焕发出前所未有的历史主动精神、历史创造精神，凝聚起奋进新征程、建功新时代的磅礴之力。

蓝图已经绘就，号角已经吹响。实现第二个百年奋斗目标，也就是一两代人的事，我们正逢其时、不可辜负。永远保持同人民群众的血肉联系，始终和人民想在一起、干在一起，就一定能作出我们这一代的贡献，用奋斗镌刻历史的丰碑。

刘维涛

（《人民日报》2022年11月1日第19版）

继承和发扬吃苦耐劳、自力更生、
艰苦奋斗的精神

"年轻一代要继承和发扬吃苦耐劳、自力更生、艰苦奋斗的精神，摒弃骄娇二气，像我们的父辈一样把青春热血镌刻在历史的丰碑上。"

习近平总书记日前在河南安阳红旗渠青年洞前的这番铿锵话语，指引着广大青年从红旗渠精神中汲取智慧、提振信心、增添力量，为全面建设社会主义现代化国家不懈奋斗。

上世纪60年代，林县人民在崇山峻岭中创造奇迹，凿出一条1500公里的"人造天河"。被称为红旗渠咽喉工程的青年洞，由300名青年组成突击队，经过1年5个月的奋战，用蚂蚁啃骨头的精神，将红旗渠渠线延伸了最艰难的616米。

创造人间奇迹的红旗渠，至今还流传着当年风华正茂的青年们不怕吃苦、迎难而上的动人故事——

"如果修渠不成，就从太行山上跳下去，向林县人民谢罪！"26岁就担任林县县委书记的杨贵建议引漳入林，面对质疑和反对声，他许下铮铮誓言，最终带领当地人民修成了这条"幸福渠"；

27岁的工程技术骨干吴祖太，一心扑在建设工地上，与妻子办完婚礼仅4天就返回工地，在勘察隧洞时不幸牺牲；

30岁出头的排险队队长任羊成一次次义无反顾地冲上悬崖排险，腰间勒出的血痕久而久之磨成老茧，就像一条缠在腰间的"带子"；

13岁的张买江继承修渠牺牲的父亲遗志，是红旗渠工地年纪最小的民工，一次荆棘刺穿右脚脚心无法取出，直到5年后才有机会拔掉；

…………

"一代人有一代人的使命，一代人有一代人的担当。"新时代新征程，拿过接力棒的青年们如何在复兴伟业中创造新的奇迹？传承弘扬迎难而上、不怕啃"硬骨头"的红旗渠精神，正是题中应有之义。在脱贫攻坚战场、科技攻关前沿、抢险救灾前线、疫情防控一线等岗位无私奉献、奋力拼搏，他们将青春之花绽放在祖国和人民最需要的地方——

85后硕士毕业生黄文秀返乡后主动要求到条件艰苦的贫困村担任驻村第一书记，驻村满一年汽车仪表盘的里程数正好增加了两万五千公里，完成了自己"心中的长征"；

"清澈的爱，只为中国。"18岁的战士陈祥榕在西部边境冲突中奋不顾身、英勇战斗，牺牲时还紧紧趴在战友身上，保持着护住战友的姿势；

"你们守护病人，我来守护你们。"35岁的快递小哥汪勇在湖北武汉发生新冠肺炎疫情后瞒着家人成为金银潭医院战疫一线医护人员后勤保障的"带头人"，以非凡之勇守护着冬日里"逆行"的白衣天使；

…………

"社会主义是拼出来、干出来、拿命换来的，不仅过去如此，新时代也是如此。"传承红旗渠精神，用青春热血创造新奇迹，就要敢于迎难而上、不怕啃"硬骨头"，遇到困难不轻言放弃，以愚公移山的精神跨越新时代的"娄山关""腊子口"；就要大胆创新、敢为人先，善于捕捉创新创造的每一个机会与灵感，力争在本职岗位上有所发现、有所发明、有所创造；就要勇于担当、敢为人先，在挑战中发现机遇、在问题中找到出路、在挫折中磨炼成长。惟其如此，才能在新时代创造出新的奇迹，为中华民族伟大复兴作出我们这一代人的历史贡献。

时代在变，红旗渠精神不变。青年们，赶快行动起来，响应新时代的召唤，担当作为，用青春热血铸就新的辉煌！

姜　洁

（《人民日报》2022年11月13日第5版）

奋 斗

——从党的二十大看中国共产党的成功密码

党的二十大报告中，奋斗的时代要求贯穿全篇。

"奋斗"二字，饱含智慧勇毅、彰显使命担当，是从百年光辉党史、十年伟大变革中总结出来的重要经验，是胜利实现第二个百年奋斗目标的重要保证，深刻揭示了我们党过去为什么能够成功、未来怎样才能继续成功。

砥砺奋斗之志

10月28日，党的二十大闭幕不久，正在河南安阳考察的习近平总书记来到林州市红旗渠纪念馆。

"林县人民多壮志，誓把河山重安排……"上世纪60年代，河南林县人民在县委领导下，毅然于悬崖峭壁间，依靠双手"抠"出一道长1500公里的"人工天河"，冲破靠天等雨的千年困境，创造了举世瞩目的人间奇迹。

"红旗渠就是纪念碑，记载了林县人不认命、不服输、敢于战天斗地的英雄气概。"习近平总书记指出，没有老一辈人拼命地干，没有他们付出的鲜血乃至生命，就没有今天的幸福生活。

奋斗，是百年大党胜利之本、成功之基。

2021年11月，党的十九届六中全会通过的党的第三个历史决议鲜明指出，"党和人民百年奋斗，书写了中华民族几千年历史上最恢宏的史诗。"

从建党之初只有50多名党员，到如今拥有9600多万名党员、领导着14亿多人口大国、具有重大全球影响力的世界第一大执政党，引领中华民族迎来从站起来、富起来到强起来的伟大飞跃，一部百年党史，就是一部党团结带领亿万人民矢志不移、踔厉笃行，不断从胜利走向胜利的奋斗史。

翻开党的二十大报告，新时代十年伟大奋斗彪炳史册、激荡人心——

迎来中国共产党成立一百周年；中国特色社会主义进入新时代；完成脱贫攻坚、全面建成小康社会的历史任务，实现第一个百年奋斗目标……

"新时代的伟大成就是党和人民一道拼出来、干出来、奋斗出来的！"习近平总书记的话语掷地有声。

直面脱贫世纪难题，300多万名第一书记和驻村干部奋力拼搏、扎根苦干，带领群众攻克一个又一个贫中之贫、坚中之坚；迎战新冠疫魔，无数党员逆行而上、冲锋在前，开展抗击疫情人民战争、总体战、阻击战……新时代中国共产党人披肝沥胆、攻坚克难，以昂扬的奋斗姿态书写了无愧于历史和人民的答卷。

历史只会眷顾坚定者、奋进者、搏击者。

上海兴业路76号，沐浴在晨辉中的石库门，青砖黛瓦、庄严肃穆。

中共一大纪念馆新建展馆里，复旦大学《共产党宣言》展示馆"星火"党员志愿服务队队员田壮志，正与同伴们认真学习领会党的二十大精神，结合展项内容，重温共产党人"踏平坎坷成大道"的奋斗历程。

"事实充分证明，奋斗是关乎党和人民事业兴衰成败的法宝，是中国共产党和中国人民最显著的精神标识。"田壮志说。

勇担奋斗之责

这段时间，从纺机车间走出的党的二十大代表，湖北安棉纺织有限公司党委副书记、纺织分厂厂长助理仰媛媛在本职岗位上，认真宣讲党的二十大精神。

谈及对二十大报告中"奋斗"的理解，她深有感触："奋斗就是用心纺好一纱一线。共产党员就是要履职尽责、担当作为，用智慧和汗水为社会发展进步贡献更多光和热。"

知重负重、唯实唯勤，是中国共产党人植根血脉的奋斗基因。

当前，世界百年未有之大变局加速演进，世界进入新的动荡变革期。我国发展进入战略机遇和风险挑战并存、不确定难预料因素增多的时期，改革发展稳定任务之重、矛盾风险挑战之多、治国理政考验之大都前所未有。

奋斗之路充满艰辛，依靠斗争方能赢得胜利。

党的二十大报告中，习近平总书记将"坚持发扬斗争精神"作为前进道路上必须牢牢把握的五条重大原则之一，深刻揭示了党始终立于不败之地的力量源泉。

直面问题，迎难而上，狭路相逢勇者胜。

十年来，面对影响党长期执政、国家长治久安、人民幸福安康的突出矛盾和问题，以习近平同志为核心的党中央坚定斗争意志、增强斗争本领，团结带领全党全军全国各族人民有效应对和驾驭复杂局面，在危机中育先机、于变局中开新局，依靠顽强斗争打开事业发展新天地。

没有斗争的奋斗是空洞的、无力的。

新时代中国共产党人大力彰扬敢于斗争的鲜明品格，科学把握善于斗争的方式方法，把敢于斗争、善于斗争深深融入团结奋斗全过程，不断创造团结奋斗新业绩。

舟行万里，操之在舵。

"面对新征程上的新挑战新考验，我们必须高度警省，永远保持赶考的清醒和谨慎，驰而不息推进全面从严治党，使百年大党在自我革命中不断焕发蓬勃生机，始终成为中国人民最可靠、最坚强的主心骨。"在二十届中共中央政治局常委同中外记者见面时，习近平总书记郑重宣示。

从毛泽东同志提出党的建设"伟大的工程"，到党的十四届四中全会提出党的建设"新的伟大的工程"，再到习近平总书记提出"新时代党的建设新的伟大工程"，我们党克难奋进、勇毅担当，坚定不移以伟大自我革命引领伟大社会革命。

十年前在主持起草党的十八大报告时，习近平总书记主张，将"必须准备进行具有许多新的历史特点的伟大斗争"写进报告。

党的二十大上，习近平总书记号召全党：务必不忘初心、牢记使命，务必谦虚谨慎、艰苦奋斗，务必敢于斗争、善于斗争。

在革命性锻造中更加坚强的中国共产党，正团结带领人民在新的征程上依靠团结奋斗夺取更大的胜利。

凝聚奋斗之力

人们不会忘记，2012年11月15日，面对中外记者，刚刚当选中共中央总书记的习近平庄严宣示："人民对美好生活的向往，就是我们的奋斗目标。"

时光无言，山河为证。党的二十大报告里的一组组数据，诉说着新时代伟大征程的奋斗指向。

我国人均预期寿命增长到78.2岁；居民人均可支配收入从16500元增加到35100元；建成世界上规模最大的教育体系、社会保障体系、医疗卫生体系……

"小康梦、强国梦、中国梦，归根到底是老百姓的'幸福梦'。中国共产党的一切奋斗都是为人民谋幸福。"

奋斗路上，既为了人民，也依靠人民。

宁夏吴忠市利通区金花园社区里常住居民1万余人，汉、回、满、蒙、藏等各族群众和睦相处。

2020年6月8日傍晚，正在宁夏考察的习近平总书记来到这里，看望金花园社区志愿者带头人王兰花。

见到总书记，王兰花难掩激动："2016年您来宁夏，说的一句话让我忘不了，'社会主义是干出来的'。"

"这其中也包括你和广大志愿者，大家都在干啊！"总书记的话温暖有力。

如今，在这位"七一勋章"获得者的带动下，原先只有7人的"王兰花热心小组"已发展成超过9.5万人的志愿者队伍，各民族群众携手奋进，共同创造美好未来。

披荆斩棘，走过万水千山。接续奋斗，逐梦复兴征程。

从"我们都是追梦人"到"只争朝夕，不负韶华"，从"征途漫漫，惟有奋斗"到"无数平凡英雄拼搏奋斗，汇聚成新时代中国昂扬奋进的洪流"，习近平总书记近年来的新年贺词，"奋斗"是醒目的关键词。

马克思曾说，青春的光辉，理想的钥匙，生命的意义，乃至人类的生存、发展……全包含在这两个字之中……奋斗！

"党用伟大奋斗创造了百年伟业，也一定能用新的伟大奋斗创造新的伟业。"习近平总书记在党的二十大报告中向全党发出的号召，激励着中华儿女向着伟大目标、伟大梦想奋力奔跑。

（新华社北京12月27日电　新华社记者丁小溪、熊丰）

（《人民日报》2022年12月28日第6版）

走近红旗渠

走在一块块太行山石垒砌的渠堤上，一面是斧劈刀斩的峭壁，一面是望之胆寒的万丈深渊。清澈的渠水顺着山势缓缓地流淌，就像一条碧绿的飘带，紧紧地绕在太行山腰。

岁月在这里仿佛停滞了。隆隆的炮声，铿锵的锤钎敲击声，在每一个来到这里的人们心间响起。站在红旗渠坚固的石堤上，我终于明白，为什么有人把它称为"世界奇迹"。

回望历史的深处，位于太行山麓的河南林县（今林州市），自古山高坡陡，土薄石厚，十年九旱，水源奇缺。

人们不会忘记，1954年，26岁的杨贵任林县县委书记。他深入基层，调查研究，提出了"水字当头，全面发展"的方针，带领干部群众治山治水，改变林县缺水的面貌。经过连续几年的水利兴修，全县先后建成多条引水渠道和几座中型水库。

然而，5年后，林县再次遭遇特大旱灾，从春到秋，没下过一场透雨。

艰难困苦在强者面前，有时却成了激发斗志、创造辉煌的巨大动力。这年年底，一个壮举——"引漳入林"工程诞生了。从山西平顺将漳河水拦腰截流，把河水引上太行山、引进林县。

林县县委向全县人民发出"重新安排林县河山"的号召。这个号召，顺应了世世代代林县人民摆脱缺水之困的夙愿，一经提出就得到热烈响应。

元宵佳节，杨贵和县委全体同志率领由3万多民工组成的修渠大军，冒着寒风，踏着霜冻，浩浩荡荡开上了太行山，扑到荒无人烟的漳河滩和"引漳入林"工程的各个施工段。过去峰峦叠嶂、冷壁清寒的太行山间，顿时成了红旗招展、热火朝天的战场。

多少年没人烟的漳河滩，从渠首到分水岭间的渠线上，无数没有名字的荒山野沟里，一下子热闹起来。在寒冷的太行山深处，铁锤声、钢钎声打破了太行山几千年的宁静，坚硬的岩石和血肉之躯开始碰撞。千军万马战太行，那是人与大自然的较量。

这战场一摆就是十年。

今天，在老鹰嘴，我仰头注视着那几欲下坠的绝壁悬崖，试图复原出当年建设者之一任羊成和他的除险队凌空除险的场景和心境。难以想象，在这飞鸟不能驻足、猿猴难以攀援的石壁上悬空作业，需要多强的意志和多大的勇气！

当时，为保证安全，总指挥部决定组成一支专业除险队，实施凌空除险。除险队员用绳索捆住腰，手持长杆抓钩，身背铁锤钢钎等工具，将一块块浮石勾撬、掀落下来。因腰部长时间被粗绳捆绑系磨，久而久之，任羊成的腰部形成了厚厚一层老茧，粗糙如老榆树的树皮。一次，任羊成去排除塌方险情，炸药突然爆炸，他一下子被崩裂的烂石埋住，瞬间失去知觉。人们赶紧东找西寻，终于从乱石堆中拽出了血肉模糊的任羊成。

在红旗渠干部学院的课堂上，我们通过现场连线的方式，见到了已经九旬高龄的老英雄任羊成。他的手虽然已经抖得厉害，可说起当年的故事，眉宇间依然充溢着一股豪迈之气。他说，人需要有种精神，苦熬没个尽头，苦干才有出路。假如再修红旗渠，他还是要去参加除险队。

历史这样记载着：从1960年2月动工，到1969年7月建成，杨贵带领林县人民历经10年，削平了1250座山头，凿通了211个隧洞，架设152座渡槽，挖砌土石方2225万立方米，在万仞壁立的太行山上，建成了全长1500公里的人工天河——红旗渠，终于结束了林县"十年九旱、水贵如油"的苦难历史。

一个人靠着责任和情怀、意志和精神，究竟能达到何种人生的高度？在这里，杨贵和他带领的红旗渠建设者们，用行动乃至生命给出了答案。

这种精神，后来被人们提炼为"自力更生、艰苦创业、团结协作、无私奉献"的红旗渠精神。

漳河南岸，太行山腰的轰山炸石、锤钎叮当已过去半个多世纪。在林州人的接续奋斗下，放眼望去，如今的林州俨然已是"银龙舞太行，千里谷米香"。

上世纪80年代，一批在红旗渠建设中锻炼成长的能工巧匠，奔赴各地从事建筑行业。他们从红旗渠带向各地的，不仅仅是在修渠战斗中锻造出来的一流建筑技术，还有红旗渠中流淌的吃苦耐劳、敢打硬仗的精神。凭着太行山石般过硬的质量，他们为林州市打造出"中国建筑之乡"的金字招牌。林州人王付银有一支建筑队，专接别人不愿干的苦活难活。在汉十高铁关键控制性工程崔家营汉江特大桥的施工中，王付银的队伍接活后日夜施工，圆满完成任务。

站在庙荒村红旗渠旁的板栗树下，我发现日新月异的林州城可以尽收眼底。10年前，坐落在太行山脚下的庙荒村还是个贫困村。这里土薄石厚，房屋破旧。2012年，郁林英担任庙荒村党支部书记。在村民眼里，这是个敢拼敢做的"女汉子"。上任伊始，郁林英铁了心带领村民改变村里的贫穷面貌。随着脱贫攻坚战的打响，在相关政策的支持下，她与乡亲们一起，不等不靠，立足村子背靠太行山、红旗渠穿村而过的优势，发展乡村旅游。这几年，庙荒村成立了旅游开发公司，打造起特色民宿旅游村，被红旗渠干部学院挂牌为"研、学、游"基地。如今，村里已建成农家院14户，特色院20户，每年接待游客10余万人，小山村的面貌焕然一新。郁林英被评为全国优秀共产党员，并当选为党的二十大代表。

红旗渠的故事并未远去，红旗渠精神始终闪耀着历久弥新的光芒，在林州大地上代代流传……

时国金

（《人民日报》2023年1月9日第20版）

红旗渠畔春潮涌　林州阔步新征程

　　河南省林州市是红旗渠精神发祥地，是全国文明城市、国家卫生城市、国家全域旅游示范市、"绿水青山就是金山银山"实践创新基地。

　　20世纪60年代，林州人民在太行山悬崖峭壁上修建了红旗渠。从此，"自力更生、艰苦创业、团结协作、无私奉献"的红旗渠精神激励一代代林州人民续航梦想，砥砺前行。

　　在新的赶考路上，林州接续奋斗，全面开启高质量建设中等城市的新

红旗渠青年洞　王超/摄

征程。

弘扬红旗渠精神，聚力精神立市

近年来，林州市把传承弘扬红旗渠精神作为新时代勇毅前行的不竭动力，充分发挥域内红色资源优势，大力发展红色教育培训。

用好红色资源。依托红旗渠干部学院、红旗渠廉政教育学院等平台，吸引全国各地干部群众前来学习感悟红旗渠精神。截至目前，红旗渠干部学院已成功举办各类学习班次6040期，培训33万余人次，实现培训地域、学员层次、行业领域"三个全覆盖"。

传承红色基因。红旗渠精神营地、红旗渠研学成长营、红旗渠研学基地"两营地一基地"投入运营，实现日均接待中小学生1万人次。深化"走一次千里长渠""抡一把开山锤"等各类研学课程和20条精品研学线路，着力推动红旗渠精神深入人心。

赓续红色血脉。丰富完善劳动教育课程体系、精心排演少年版话剧《红旗渠》、联合成立"红旗渠少年讲解团"，让青少年在知识学习、探究体验的过程中，深入学习感悟红旗渠精神。

坚持项目为王，聚力工业强市

2023年春节刚过，林州市总投资167亿元的10个重点工业项目集中开工；总投资20亿元的林钢年产45万吨高端球墨铸管项目正式开工建设。重大项目建设紧锣密鼓，工业经济发展势头强劲。

近年来，林州市全面贯彻落实创新驱动发展战略要求，把红旗渠国家

级经济技术开发区作为工业项目发展的主阵地、主战场、主引擎，大力改
造提升传统产业，加快引进培育新兴产业。钢铁、汽配、煤机、铝电等传
统产业不断转型升级，电子新材料、生物医药、新能源等新兴产业项目纷
纷落地，全市工业经济呈现出新老产业并驾齐驱、各类企业百舸争流的生
动局面。

凤宝管业出口专用管、宝泉液压钢管精深加工等项目有序进行，推动
钢铁、汽配等传统产业延链、补链、强链，向产业链更高层级跃升。光远
新材六期、致远覆铜板等项目建成投产，为电子新材料产业发展注入强劲
动力。汽配产业园、电子新材料园、建筑装备材料产业园、智能制造产业
孵化园等平台搭建成效显著，发展基础进一步筑牢夯实。截至目前，全市
工业企业数量达 1000 余家，其中，规模以上企业 164 家，工业经济发展质
量迈上新台阶。

用好山水人文资源，聚力文旅兴市

林州是一座有山有水有底蕴的诗画城市，这里有太行大峡谷、世界一
流的林虑山国际滑翔基地，有黄华山、天平山、万泉湖等众多风景名胜，
拥有国家级风景名胜区、国家地质公园 32 个，国家 5A 级旅游景区 1 家、
4A 级旅游景区 2 家。林州市大力发展文旅产业，激活文旅市场，已发展成
为国内外游客重要旅游目的地，"山水林州、精神之城"的城市品牌愈加
闪亮。

打造文旅发展新优势。依托"红、绿、蓝"三色旅游资源禀赋，培育
文旅融合新业态，大力发展培训、研学、写生、康养等特色产业；以创建
"红旗渠人家"民宿品牌为抓手，全力打造民宿发展特色县；以创建"中

国画谷"品牌为切入点，着力形成"写生—展览—交易"全产业链条。

夯实基础配套设施。坚持交通旅游融合发展，打造高标准旅游路域环境；常态化开展全民洗城、清洁家园和志愿服务活动，打造美丽林州；发挥品牌带动作用，推动形成"一镇一品、一村一韵"全域旅游发展格局。

强化管理科学运营。搭建红旗渠集团文旅投融资平台和旅游招商引资平台，吸引社会各界积极投身文旅行业，太行崖壁光影秀、数字红旗渠等大型文旅项目积极推进；建设智慧旅游平台，借助新媒体矩阵广泛宣传推介，持续提升林州旅游知名度和美誉度。

全面推进乡村振兴，聚力"三农"富市

近年来，林州市认真贯彻新发展理念，落实县域治理"三起来"重大要求，环境全领域改善、产业全链条发展、治理全维度提升，探索形成一条具有林州特色的乡村振兴路径。

坚持生态优先，持续提升乡村人居环境。以治理"六乱"、开展"六清"为总抓手，持续推进"人人动手、清洁家园"活动，全市农村面貌不断改善，获评全国"绿水青山就是金山银山"实践创新基地，群众的获得感不断提升。

立足共享共治，全面提升乡村治理水平。以"五星"支部创建为统领，实施村居巡察，有效解决群众"急难愁盼"问题；开办农民夜校，不断提升农民文明素养；构建"党支部—党小组—党员"三级服务体系，持续增强基层服务效能；抓实"三零"创建，常态化开展交通、消防等隐患排查，全面防范风险隐患，营造平安美好乡村环境。

突出产业重心，不断壮大乡村产业基础。积极盘活老旧厂房、闲置学

校，开展土地复垦等，大力发展农家乐、民宿等产业；投资20亿元建设红旗渠现代农业产业园，带动建成东姚小米、茶店菊花等8大农业产业基地；大力培育农业龙头企业、家庭农场、农民专业合作社等新型经营主体，促进农业产业专业化、规模化、品牌化发展。一幅产业兴、生态美、乡风淳、治理优的乡村振兴壮美画卷在林州大地徐徐展开。

新征程上，林州市以永不懈怠的精神状态和一往无前的奋斗姿态，向着建设现代化中等城市的目标，踔厉奋发，阔步前行，奋力谱写红旗渠畔更加出彩的绚丽篇章。

数据来源：中共林州市委宣传部

（《人民日报》2023年3月2日第8版）

渠水长流　精神永在

——写在红旗渠通水五十八周年之际

太行山起舞，红旗渠欢唱。4月5日，是红旗渠总干渠建成纪念日。58年前，这里的群众欢庆干渠通水；58年后，这里的渠水依旧奔腾不息。

2022年10月28日上午，习近平总书记来到河南安阳林州市红旗渠纪念馆。习近平总书记指出，红旗渠就是纪念碑，记载了林县人不认命、不服输、敢于战天斗地的英雄气概。要用红旗渠精神教育人民特别是广大青少年，社会主义是拼出来、干出来、拿命换来的，不仅过去如此，新时代也是如此。

林州广大干部群众牢记总书记嘱托，发扬红旗渠精神，脚踏实地、苦干实干，坚定不移推动高质量发展，在建设现代化中等城市的新征程上勇毅前行。

守护：240多名护渠人长年累月坚守在护渠岗位

一大早，75岁的张买江就来到了临渠而建的红旗渠纪念馆。沿馆内陡坡缓缓而上，在一处刻有81个献身者名单的山碑前，张买江驻足凝视，名单中有他的父亲张运仁。

父亲在修渠中牺牲，年仅13岁的张买江继承父亲遗志，奔赴红旗渠工地。作为当年修渠时最小的建设者、最年轻的红旗渠劳模，这些年，张买江一直坚持做一件事——守护红旗渠。

"没有共产党，就修不成红旗渠。"每年清明，张买江都会来到纪念馆走走看看，向游客讲述红旗渠的故事。他说，站在纪念馆里，仿佛可以看到红旗渠修建时的场景。

如今，张买江的儿子张学义也成为一名护渠人，延续守护红旗渠的责任。

红旗渠渠线上共设9个管理所40个管理段。像张学义一样的240多名护渠人长年累月坚守在护渠岗位上，跋山涉水、栉风沐雨是常态。

他们是千千万万林州人的缩影。还有许多人，他们的名字或许不为人知，但多年来彼此接力，像爱护眼睛一样守护着这条"生命渠""幸福渠"。

红旗渠畔，草木蔓发，春山可望。

林州市西部，森林掩映中的红旗渠一干渠里碧波荡漾的流水停了。但是，渠里渠外，人和机械动起来了。施工是分段进行的，渠道清淤、渠墙衬砌、闸门改造、信息化改造……

保护红旗渠，红旗渠传人一直在行动。林州市红旗渠灌区服务中心主任马和平介绍："红旗渠数次技改，保障了骨干工程的正常运行。"

针对岁月更替中红旗渠出现的部分渠道渗漏、变形、坍塌等问题，红旗渠传人发出铮铮誓言："让红旗渠绿水长流，让红旗渠青春永驻！"并以实际行动为红旗渠"强筋壮骨"。

传承：让红旗渠精神滋润人们的心田

一种精神，凝聚一种力量。

红旗渠干部学院青年教师李媛是名副其实的"渠四代"。她的太爷爷李贵时任林县县长，并担任红旗渠建设的后勤总指挥长，在那个物资极度匮乏的年代，想方设法保证了一线修渠人的物资供应。

3年来，李媛向来自大江南北的140个班次、6000多名学员讲述着红旗渠的故事。

为了让大家充分了解红旗渠故事，李媛常去拜访修渠老人，认真聆听他们的修渠故事，并在实践中创新教学方式，让红旗渠精神滋润每一名学员的心田。

"在中国中部，有一条河来自天上，穿山越岭，九曲回肠……"3月19日晚，由林州市世纪学校小学生排演的少年版话剧《红旗渠》亮相，引起强烈反响。

小演员中年龄最小的6岁，最大的11岁。"227个没有任何表演功底的孩子，一切从零开始，但是都展现了极大的热情，这本身就是在学习和传承红旗渠精神。"林州市世纪学校小学部校长桑强华说。

在桑强华看来，从组织学生听红旗渠故事，到组织学生看红旗渠实景，再到组织学生演红旗渠话剧，孩子们对红旗渠的认识更深入，对红旗渠精神的感受更深刻。

没有道具，自己上山割草搬石头；没有服装，自己手工缝制；没有灯光，自己垫资购买……今年24岁的刘芳鸣，带领团队创作了舞台剧《红旗渠·恁家在哪里》，公益演出累计15场。

"遇到困难是一定的，解决就完了。"刘芳鸣说，"传承好红旗渠精神，是青年的使命。"目前他们正在筹备百场巡演，希望把红旗渠的故事讲给更多人听。

奋进：坚定不移推动高质量发展

岁月轮转，精神长存。

一城文明风，满城志愿红。文明交通岗、环卫保洁岗、学生安全岗、社区服务岗……以红旗渠精神为底色的林州，全市动员，全民参与。志愿红，闪耀在林州的大街小巷，角角落落，成为林州最活跃最持久最亮丽的风景。

"力所能及做点事情，我觉得很有意义，也深感自豪。"振林街道林虑社区志愿者李见美从2018年开始参与社区志愿服务，夜间治安巡逻、清洁家园、文明交通岗和入户宣传都有她的身影。

让一城人动起来，让一座城美起来。2月3日，农历新年后上班的第一个周五，当天，林州市主要领导干部身穿红马甲，手拿清洁布，带头走上街头，同志愿者、商户、群众一起开展全民卫生活动。这项活动，林州已经坚持了4年。

领导干部带头行动，人民群众积极参与，党群同心，干净成了林州的代名词。"样样当先进，行行争一流。人人都努力，林州更美丽"，全国文明城市、国家卫生城市、国家全域旅游示范区、绿水青山就是金山银山实践创新基地……林州，正在开启创建全国文明典范城市新征程。

既要绿水青山，也要金山银山。林州市抓住机遇，顺势而为，大力拓展文旅产业的发展，精心打造"红旗渠人家"民宿品牌和"中国画谷"写生品牌，培育了民宿、写生、培训、研学等文旅融合新业态。全市目前已有各类民宿715家，其中21家被授予"红旗渠人家"品牌。

大渠长歌，追梦不息。被红旗渠精神浸染的林州儿女们，继承前辈吃苦耐劳、自力更生、艰苦奋斗的精神，踔厉奋发，勇毅前行，创造着一个又一个新的奇迹。

河南光远新材料股份有限公司仅用10年时间，就成长为国内最大的专业生产电子纱和电子布的民营企业，并冲刺高端产品市场。截至2022

年底，这家企业已获境内专利授权155项，其中发明专利11项。

"我们将持续深耕电子级玻纤行业，努力成为全球领先的电子材料生产服务商，为中国制造高质量发展作出应有的贡献。"谈及企业发展，全国人大代表、河南光远新材料股份有限公司董事长李志伟信心满满。

企业谋转型，乡村正振兴。党的十八大以来，黄华镇庙荒村科学规划村庄发展，积极探索富民产业，大力发展乡村旅游，从昔日破败凋敝的山村成长为红旗渠畔文旅新村、最美乡村。

"我们要进一步发挥区位优势，加快旅游产业发展，形成一条集红旗渠研学、生态观光、乡村旅游等为一体的乡村研学产业链，做好乡村振兴这篇大文章。"党的二十大代表、村党支部书记郁林英说。

人民日报记者　龚金星

（《人民日报》2023年4月4日第11版）

走进红旗渠纪念馆感悟精神伟力

红旗渠精神激励我们去奋斗、去奉献

巍巍太行，壁立千仞。车辆穿行在山间，突然层峦叠翠间出现一片醒目的红。一座红色天桥如飘动的丝带蜿蜒在山间，提醒着游人已踏上一片充满力量与希望的土地。

这里是河南安阳，64年前，30万林县人民一锤一钎，在悬崖峭壁上苦战10个春秋，修成了全长1500公里的红旗渠，培育形成了"自力更生、艰苦创业、团结协作、无私奉献"的红旗渠精神，激励着中华儿女为社会主义现代化建设忘我奋斗。

如今，林县改名林州，旱地变成绿洲。滚滚的渠水旁，红旗渠纪念馆静静守护。纪念馆新馆开馆10年来，无数观众心怀敬意地走进这条时光隧道，又心潮澎湃地走出，闪闪发光的红旗渠精神照亮前路。

听一段故事，关于渴望成为希望

走进纪念馆，一条参观主路线上下起伏，仿佛步行在山路上。由柳帽串成的装饰物在灯光照射下，在墙上投射成一个"水"字。

水，林县人民世世代代最深切的渴望。

观看纪念馆展板上林县县志，灾害的记录反复出现：明正统元年大旱；光绪元年大旱；光绪三年大旱；民国九年大旱……"据统计，从明正统元年到新中国成立的500多年间，林县发生严重旱灾30多次。"纪念馆讲解员常会平介绍。

许多外地游客不解，这里有山有水，怎么会缺水？

"大家可以摸一摸展馆的墙壁，这是模拟太行山石修建的。"山石坚硬锋利、断层多，常会平说，"林县境内都是季节性河流，一年中的绝大部分时间都处于干涸状态，且这种石灰岩不能形成有效的隔水层，造成了水资源的匮乏。"

河里没水，水库见底，水塘干涸。"宁可苦干，不能苦熬。林县人不服输、不认命，要靠自己双手改变命运的态度十分坚决。"讲到这里，常会平的语气也变得坚定。

1959年，林县县委组织3个调查组，分头寻找水源。最终目标水源锁定在山西省平顺县境内的浊漳河。但要实现"引漳入林"，需要穿越千山万壑的太行山，在当时缺乏机械化装备的情况下，难度不亚于移走一座大山。

纪念馆墙面上"重新安排林县河山"8个红色大字映入眼帘，耳边仿佛吹响了林县人民战天斗地的号角。

在1960年的元宵节，几万人的队伍浩浩荡荡出发了。一张老照片可以看见当时的景象：大家穿着打补丁的衣服，脚上大多是布鞋，每个人的肩头上都扛着锤、锹、撬棍，脸上满是豪情壮志。

"抬头仰望是壁立万仞的悬崖，俯首探望则是深不见底的峡谷。修渠的民工们有的直接在施工的悬崖边打地铺，在石崖上铺上一捆茅草就成了一张床。为了防止睡着后滚下山崖，大家便采用脚冲外头朝里的睡觉方式……"常会平娓娓道来，展板前站满了观众，却异常安静。

有观众在听到红旗渠工程总设计师吴祖太牺牲时年仅27岁时，红了眼眶。"看着比我还年轻的面孔，听到他牺牲前连顿热乎饭都没吃上，肃然起敬。"观众郑民新说。

从事讲解员工作以来，常会平每年接待讲解工作1500余场，为约10万人讲解红旗渠故事。"我出生在林州，爷爷、外公都是红旗渠的建设者，从小就听着红旗渠的故事长大，我常常在想，如果我生活在那个年代，我会怎么做。"拷问灵魂的深度思考，让她每一次的讲述，总能将真心真情代入其中，令游客感动不已。

同为红旗渠纪念馆讲解员的郭芳芳，把厚厚的讲解资料当成最宝贵的精神财富。为了让大家充分了解红旗渠的故事，她有时间就去拜访修渠老人，了解他们在艰难岁月中的奋斗故事。"自力更生、艰苦创业、团结协作、无私奉献"16个字，背后是一个个动人的故事。

在纪念馆里，许多讲解员都是"渠二代""渠三代"。"讲好红旗渠故事，是在传递前辈们对美好生活的希望。"郭芳芳说，"我们讲的不是一个个简单的故事，而是一种精神，一个信仰，一份深藏于中国人心中的红色情怀。"

看一场表演，历史与现实交叠

"快看，他在悬崖上飞荡起来了！"随着一声惊呼，在红旗渠青年洞天河亭实景演出现场，所有人的目光都聚焦在悬崖一侧。

演员元赵勇腰系绳索、手拿钢钎，高悬在近百米的空中，他双脚用力蹬向崖壁，向外飞荡开了10多米，然后瞄准目标直扑崖壁……

讲解员申彦慧告诉观众，这是在表演"凌空除险"。

上世纪60年代，修渠工程启动不久险情就接踵而至，因为修渠需要炸开山石，有些被炸开的山石从悬崖工地上滚落，造成了接连多次的重大伤亡事故。如果不及时把危石除掉，修渠就无法推进。

"关键时刻一个人挺身而出，头顶是悬崖峭壁，身下是万丈深渊，他腰系大绳，荡身其间，双手持挠钩排除松动的石头，这个人就是除险英雄任羊成。"申彦慧介绍。

为了修渠，任羊成长年累月地飞荡在山崖之间，腰部被绳子勒出一道道血痕，勒痕在他的身体上刻下一道又一道难以磨灭的伤疤，像一条赤褐色的带子缠在腰际。

"我的老师就是任羊成，刚开始学习的时候，套绳、下崖、飞荡、除险，每一个动作老师都一遍一遍地教我们。"在元赵勇看来，这不仅是一场演出，更是对每一位红旗渠建设者的致敬。

纪念馆里，大屏幕滚动播放着纪录片《红旗渠》：1965年4月5日，红旗渠总干渠正式通水，人们拥挤在渠道边上，伸长脖子望着来水的方向，当奔腾的漳河水汹涌而至，雪白的浪花飞溅在渠边那些饱经沧桑的太行山人的脸上，他们争相用手捧着从渠道里打上来的水，尝一口，笑容绽放在脸上……

纪念馆外，实景演出现场，随着一声"开闸放水"，红旗渠水滚滚而来，在场的观众无不欢呼、鼓掌。

这一刻，历史与现实交叠。

红旗渠运行50余年来，农业灌溉供水60亿立方米，共浇灌农田4700万亩次。"十四五"总体改造工程全部完成后，还将增加15万亩左右的灌溉面积，百万林州人民的生命渠依然保持着活力。

"纪念馆里听到的每一个故事并不缥缈，因为红旗渠就在这儿。"山西游客吕笑说，"当听到渠水水声的时候，那些故事仿佛就发生在眼前。"

濮阳市第一高级中学学生马子萌沿着红旗渠从山西境内出发，一路旅行，最后一站来到红旗渠纪念馆。"以前总是听老师讲起红旗渠，真的自己走一趟下来，看见这条河挂在悬崖上，这种震撼难以言喻。"

"当年施工时难度最大的建筑，今天成了最壮美的风景。"红旗渠风景区旅游服务有限责任公司总经理林永艺介绍，"我们依托红旗渠纪念馆，以沉浸式体验的方式弘扬红旗渠精神，记录了林县人万丈豪情的渠首、青年洞、分水岭，就是红旗渠精神的实体。"

上一堂课程，让红旗渠精神流入每一代人血脉

8月31日晚上，安阳市民收看了一场特别的"开学第一课"，红旗渠建设特等模范张买江为全市师生讲述了他们一家和红旗渠的关系，也讲述了他的命运是如何被红旗渠改变的。

当年，张买江的父亲在修渠时牺牲，13岁的他接过父亲的钢钎，走上工地。红旗渠修了10年，他干了9年。儿子张学义长大后，又接过他的接力棒，在合涧渠管所工作，负责守护50多公里渠段。

如今，年过七旬的张买江依然常常走上红旗渠。放眼眺望，渠水流淌进田埂，他又想起了那个13岁只身进太行的自己。"没有渠时，割麦子，麦子只有一拃高。"转而又流露出骄傲的笑容，"现在都建成了高标准农田，林州成了米粮仓。"

红旗渠精神代代相传，张买江感慨地说，红旗渠精神如同汩汩流淌的源头活水，不仅滋养了老一辈，也滋养着新一辈，为人们战胜艰难险阻提供了无穷的精神动力。

"渠二代"周锐常曾是红旗渠灌区管理处副处长，主持了红旗渠纪念馆新馆的规划建筑设计和陈列布展工作，退休后成为红旗渠干部学院的特聘教师。

"每一批来干部学院上课的党员干部，第一站都是参观红旗渠纪念馆。"周锐常说，"常有人问我，如今学红旗渠精神我们该学什么？答案就写在这里。"

站在纪念馆红旗渠工程的沙盘前，周锐常如数家珍：

"前后近30万人上山修渠，是一个人力、物力、技术、管理等高度协同的系统工程。红旗渠的成功建成，离不开党领导下全县'一盘棋'的组织协调"；

"红旗渠建设的这漫长的10年间，修渠民众如何坚定信心、坚持到底呢？沙盘里依次亮起来的灯光，代表分段通水的渠，修成一期，通水一期，以水促渠，以渠促人心"；

"红旗渠是水利科学技术与民间经验智慧结合的结晶，对水流量有着精确测算，总干渠渠道水平长度达到70公里，而高程仅仅下降10米，是山区等高线灌溉渠的杰出代表"……

听完课，还可以实际体验修渠的不易。林永艺介绍，"除了以'渠二代'讲故事、'劳模面对面'等方式深度解读红旗渠精神内涵，我们还开发了推民工车、抬太行石等特色课程，增强教学体验，今年纪念馆成功入选全国红色基因库建设单位。"

在纪念馆留言簿上，有观众工工整整写下感悟："红旗渠精神是鲜活的，它可以融入我们每一代人的血脉中，激励我们去奋斗、去奉献。"

一队队观众，从四面八方，带着好奇、带着探询自然与历史的期待而来，又带着难以泯灭的记忆而走，让红旗渠的故事如同滔滔渠水一般永远流淌。

人民日报记者　李卓尔

（《人民日报》2024年10月5日第7版）

索　引

（括号中为内文页码）

第一章

第二章

第三章

后 记

　　河南红旗渠干部学院成立于2013年，以"传承红旗渠精神，增强党性修养"为办学宗旨，致力于打造红旗渠精神的"培训中心、研究中心、资料中心、宣传中心"。建院初期，学院广泛收集整理了《人民日报》《光明日报》《河南日报》等媒体有关红旗渠和红旗渠精神的报道，汇编成《红旗渠报摘文萃》，作为内部研究资料使用。该资料在学院教师备课学习过程中发挥了重要作用，为深入研究红旗渠精神提供了丰富素材。然而，受限于当时的编写水平，《红旗渠报摘文萃》存在信息不全、不准等问题。为了更好地研究和宣传红旗渠精神，学院决定重新梳理汇编相关资料，《人民日报里的红旗渠》编撰工作由此启动。

　　2024年11月，人民日报出版社的同志到学院研讨，我们在交流中提及重新汇编资料并公开出版的设想，得到了出版社同志的积极响应。双方领导对这一提议均大力支持。

　　在成书过程中，人民日报出版社付出诸多努力。从统筹出版流程、协调各方工作，到提供珍贵文献、精心统稿定稿，每一个环节都凝聚着出版社同志的心血。安阳市委常委、组织部部长、河南红旗渠干部学院院长刘文海高度重视，听取编撰汇报并给予具体指导。安阳市委组织部副部长，河南红旗渠干部学院原党委副书记、常务副院长刘芳积极协调，保障了编撰工作顺利进行。学院分管教学科研工作的副院长陈晓萍，红旗渠精神研究中心主任元涛、张晶晶老师等，在资料筛选梳理、篇章谋划布局、编辑校对审核等方面倾注了大量心血。在此，我们向所有给予关心、帮助和支持的专家学者、领导同事以及社会各界朋友致以崇高的敬意和诚挚的谢忱！

　　无论是对于深入研究红旗渠精神的学者，还是想要了解那段波澜壮阔历史的普通读者，《人民日报里的红旗渠》都是一本不可多得的工具书。我们希望通过这本书，让更多人了解红旗渠的故事，感受红旗渠精神的伟大力量，让红旗渠精神在新时代绽放更加耀眼的光芒。

河南红旗渠干部学院

2025 年 3 月